[入門] Webフロントエンド E2Eテスト

PlaywrightによるWebアプリの自動テストから良いテストの書き方まで

渋川よしき、武田大輝、枇榔晃裕、木戸俊輔、藤戸四恩、小澤泰河 [著]

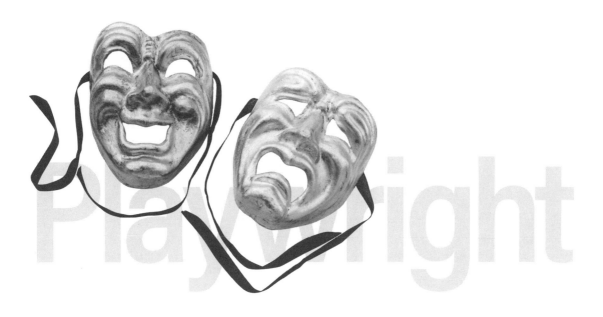

エンジニア選書

技術評論社

● 本書の目的

E2EテストとはEnd-to-End Testingの略で、システムの端から端 (End-to-End) まで、全体を通して行うソフトウェアテストのことを指します。

みなさんは、E2Eテストにはどのようなイメージをお持ちでしょうか？ 「システムの一連の動作を最終チェックするもの」「自動化しにくいもの」「必要と考えているが導入できていないもの」など、人や組織によってとらえ方はさまざまだと思います。

そもそもE2Eテストとは具体的にどういうものなのか、なぜ行う必要があるのか、よくわからないという人もいるかもしれません。

本書は次のような人に向けて、E2Eテストのフレームワークとして近年人気が急上昇している「Playwright」を通じて、E2Eテストの目的から、E2Eテストのモダンなノウハウまでを詳しく紹介します。

- E2Eテストをこれからプロジェクトに導入しようとしている人
- すでに導入しているが、パフォーマンスや保守性で課題を感じている人

とくに自動化というテーマを中心に、初心者の方にもわかりやすくハンズオンを交えながら解説していきますので、ぜひ実際に手を動かしながら学んでいきましょう。

● テストの目的

E2Eテストを含め、ソフトウェアのテストはなぜ必要なのでしょうか。

一般的に、テストはシステムの品質を守るために活用されています。もし、テストのような品質マネジメントを行わなければ、システムに欠陥が入り込んでいても気づきにくくなります。そして、いずれは想定外の動作としてユーザーの前に発現することでしょう。

不具合によって起こり得る影響にはさまざまなものがあります。UXの悪化やサービスの停止など、システムの種類によっては人命に関わることもあります。経済的な損失や信用の失墜につながるため、我々はこのような現象を引き起こす欠陥が入らないよう、品質を守らなければいけません。そのもっともメジャーな方法としてテストがあるのです。

一方、実際はテストで欠陥を0にするのは不可能に近く、また割けるリソースも限られています。どの程度品質を確保すべきか、テストを書くか、どの程度詳細なテストを行うか、自動化するかなどは、システムの特性とその影響範囲、およびリスク戦略によって変わるものです。何のためにテストを行うのか、その目的を定期的に考えると良いでしょう。

◯ 本書におけるE2Eテストの定義

冒頭で述べたとおり、E2EテストはEnd-to-End Testingの略で、一般的にシステムの一連の動作を最終チェックするテストのことです。とはいえEnd-to-Endの範囲は文脈によって異なることがあります。そこで本書では、E2Eテストをより明確に次のように定義します[注0.1]。

- ユーザーの視点でWebシステムの動作を確認する自動テスト

そして、E2Eテストの対象はユーザーがブラウザを通して利用するWebアプリケーションシステムとします。テストはユーザーのブラウザを模して振る舞います。

デスクトップアプリケーションやスマホアプリ、スタンドアロンなシステムに対するE2Eテストも一般的に行われていますが、本書では対象外とします。ですが、テストの目的や考え方など通ずる概念も多いので、Webアプリケーション以外のシステムのE2Eテストに関わる人にとっても、学んでもらえることはあるはずです。

Web APIを提供するヘッドレスSaaS（たとえば決済サービスの「Stripe」やヘッドレスCMSなど）の場合などは、Web APIにリクエストを送ってそのレスポンスを検証するテストをE2Eテストと呼ぶことがありますが、本書はブラウザを通じて操作を行い、システムの動作を確認することをE2Eテストとします（**図0.1**）。

一方で、PlaywrightにはWeb APIをテストする便利な機能もあります。本書の第9章「Web APIのテスト」では、E2EテストではなくWeb APIのインテグレーションテストという扱いでこの方法を紹介しています。

注0.1　ソフトウェアテストの分類や名称には、さまざまな切り口や流儀があります。「E2Eテスト」という分類は、アジャイル開発での自動テストを前提とした文脈でよく使われるものです。そのため、手動テストが多くを占めるウォーターフォール型のエンタープライズ開発のエンジニアや、品質管理に特化した部門のテスト実施者には、馴染みの薄い分類に見えるかもしれません。第7章「ソフトウェアテストに向き合う心構え」では、ISTQBにおける整理と比較してE2Eテストの位置づけと役割について考察しています。

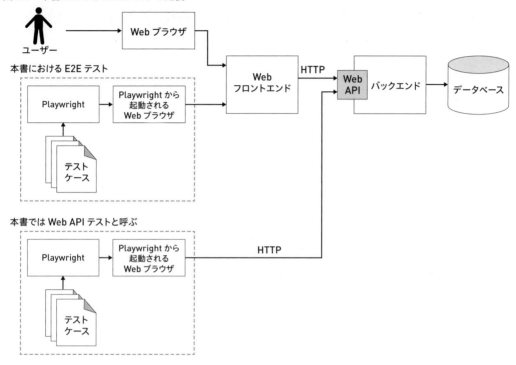

図0.1　本書におけるE2Eテストの定義

● Playwrightとは

　Playwrightは、Microsoft社が開発したオープンソースのE2Eテストフレームワークです。もともとはブラウザ操作を自動化するNode.jsのライブラリとして出発しました。同様の機能を持ったPuppeteerというライブラリを開発したGoogle社のエンジニアが、Microsoft社に入社してリリースしたものです。出発時は、1つのAPIでGoogle Chrome、Safari、Firefox、Microsoft Edgeの操作を自動化できるものでした。現在でも、WebのスクレイピングツールやWeb巡回の自動化という用途で使われています[注0.2]。その後、ブラウザを使ったE2Eテスト機能を貪欲に増やしていき、今では競合となる他のソフトウェアよりも急速に支持を集めています。

　多種多様なブラウザ操作機能やタグの検出機能を含む使いやすいテストAPI、テスト用のユーザーインターフェース、CI/CDでも使いやすいヘッドレスモード、テストの自動生成機能など多くの機能を提供しています。現在でも毎月、新バージョンがリリースされ、新しい機能が続々と追加されています。また、C#、Python、Javaでも使えるように対応を広げています。本書ではメインで開発されているNode.js版にフォーカスして紹介していきます。

注0.2　https://www.checklyhq.com/learn/headless/

執筆時点（2024年2月）のPlaywrightの位置づけを見てみましょう。

E2Eテストフレームワークの先行者であるCypress、NightwatchとPlaywrightを比較します。npmにおけるダウンロード数の変化が**図0.2**です。

図0.2　npmにおけるダウンロード数の変化

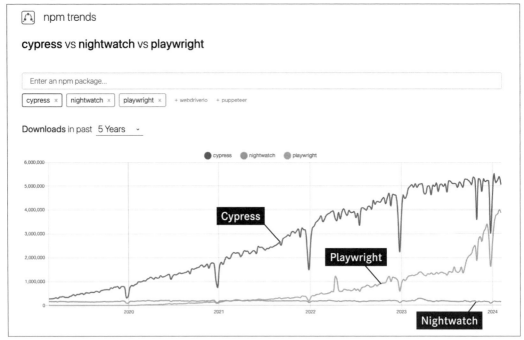

※ https://npmtrends.com/cypress-vs-nightwatch-vs-playwright

Cypressは2017年の登場以来、安定して高い認知度を誇り、トップを走ってきました。他方で、Playwrightはリリース以来着実に人気を高めており、ダウンロード数ではCypressの80％に迫っています。

ライブラリを選択する前の実際のユーザーの行動を見ていくことで、今後の人気を占うことができます。新しいライブラリの利用前には検索して機能を調べたりAPIを調べたりするでしょう。Googleトレンドを見ると現在ではCypressに匹敵するほどの注目を集めていることがわかります（**図0.3**）。

JavaScriptの機能やライブラリを実際に利用した人の声や興味の統計情報をまとめた「State of JavaScript」というページがあります。このグラフのうち、利用したことがある人がまた使いたいかどうかの割合（Retention[注0.3]）を示したグラフが**図0.4**です。

注0.3　＜もう一度使いたい＞ / （＜もう一度使いたい＞＋＜もう使いたくない＞）の割合。

図0.3　Googleトレンドの変化

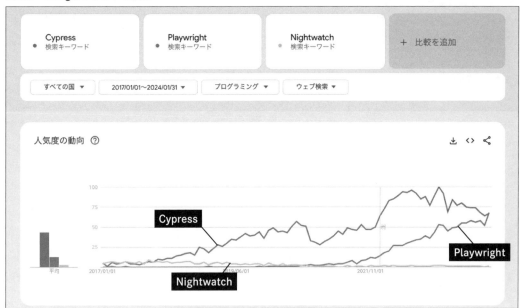

図0.4　「State of JavaScript 2022」の再び使いたい人のランキング

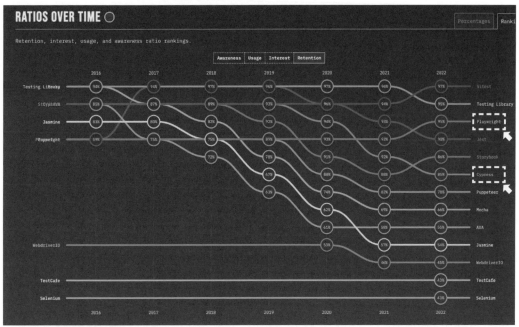

E2Eテスト以外も含まれていて見にくいのですが、リピーターとなり得る人について、CypressよりPlaywrightのほうが多いことがわかります。また、他のタブの「興味がある」(Interest)でもPlaywrightのほうが上となっており、今後も伸び続けることが期待されます[注0.4]。

● なぜE2Eテストの自動化ツールを使うのか

ここまでで、「なぜテストを行うのか」を説明し、「Playwrightとはどのようなものか」「E2Eテスト自動化ツールの中ではPlaywrightが人気である」ことを説明しました。Playwrightを実際に使う（と上司やチームを説得する）には、抜けているステップが1つあります。「なぜE2Eテスト自動化ツールを使うのか」です。

手動でもテストはできます。しかしE2E自動テストは最速のテスターです。「ボタンをクリックする」というテストも、画面にボタンが表示されるのを監視し、表示された瞬間に操作を行えます。また、テストケースごとに匿名ウインドウでブラウザを開いて正しくリセットされた状態からテストを行うことで、前のテストの影響でうっかり違う結果になってしまうことも防げますし、並列で高速にテストしてくれます。そこそこの規模のシステムでも手動テストケース数が200近くになると、リリース前のテストが1日仕事になりますが、自動化しておけばコード修正のたびに実行できるようになります。また、操作手順をテストコードで明確に記述し、誰でも実施できるようにすることで、手動と比較してテストの属人性を大きく軽減できます。

とくにPlaywrightはデフォルトで、ヘッドレスブラウザでテストをします。GUIなしでブラウザを使うUIテストが実行でき、その結果をレポートという形で出力できます。これは継続的インテグレーション（CI：Continuous Integration）環境でも動かしやすいということを意味します。CIとしてE2Eテストを開発のプロセスに組み込むことで、手間を最小限にしながらも、全体を通したテストをこまめに実施できるのです。

E2Eテスト自動化ツールを使えば、テスト実施の品質が上がると同時に実施コストが下がるので、システムは変更に強くなり、開発プロジェクト全体のアジリティを向上させることにもつながります。

注0.4　本書は当初、月刊誌「Software Design」の連載記事「Cypressで作る"消耗しない"E2Eテスト環境」の単行本化という企画から始まりましたが、Playwright人気を受けて、出版までの間に両方紹介する本→Playwrightの単独の本と内容を更新してきました。

本書の構成

　本書では次に説明する構成にしたがって、E2Eテストについて解説していきます。基本的には Playwrightを前提とした内容になっていますが、第2章はPlaywright以外のツールとの比較を行います。また、第7章はPlaywrightから離れて、E2Eテストに関する一般論を扱います。

　第1章ではハンズオンを通じてPlaywrightの設定や操作の大まかな流れを見ていきます。

　第2章では他のE2Eテストツールと比較してPlaywrightがどのようなものかをより詳しく見ていきます。Playwrightの導入にあたって、他のチームメンバーに興味を持ってもらいたい方、星取表や彼我比較が必要な職場の方には役立つ章でしょう。

　第3章ではテストコードの中でよく利用するテストツール（テストAPI）のうち、要素を選択するロケーターについて詳しく掘り下げます。

　第4章ではテストツールの残りの要素であるナビゲーター、アクション、マッチャーの紹介をします。

　第5章ではテストを構築をするためのテストAPI群を紹介します。繰り返し処理の省力化などにも触れます。

　第6章ではより高度なテストテクニックについて触れていきます。

　第7章ではテスト技法と呼ばれる、抽象度が高いトピックについて触れていきます。より少ないケース数で効率よく品質を上げるには必須となる考え方です。

　第8章ではE2Eテストの枠にとらわれないPlaywrightのより高度な使い方を紹介します。

　第9章ではPlaywrightをWeb APIテストに活用する方法を紹介します。

　第10章ではCIへの組み込みなど、プロジェクトへの実戦投入に関する情報を紹介します。

　第11章ではPlaywrightの低レイヤの内部構造の解説を行います。

　追加の付録では以下のトピックについて紹介します。

- 生成AIを用いたテストコード作成
- Visual Studio CodeのDev Containersを使った環境設定
- ユニットテストフレームワークとの共存設定
- Playwrightを使ったスクレイピングの実装
- PlaywrightのSaaSサービス

　本書を読み終えたころには、E2Eテストの概念と目的を理解し、そのモダンなノウハウを実践できるようになっていることでしょう。Playwrightは公式ドキュメントが充実していますが、本書にはそのドキュメントの行間に含まれるような内容などもなるべく多く盛り込んでいます。

本書で扱うツールのインストール

　本書ではNode.js版のPlaywrightを扱います。実行にあたってはNode.jsのインストールが必要です。Playwright自体はC#、Java、Pythonを使ってテストコードを作成できますが、Playwrightのテスト対象のWebフロントエンドの大多数は、Node.jsを中心としたエコシステムや開発環境を使って開発する人がほとんどでしょう。Webフロントエンド開発者がE2Eテストを作成することを考慮すると、Node.js版を使って説明することは多くの方にとって合理的かと思われます[注0.5]。

　本書の読者の多くがWindowsかmacOSを利用していると思います。一番簡単な方法がNode.jsのダウンロードサイト[注0.6]からバイナリをダウンロードして実行する方法です。Linuxのバイナリもこちらにあります。

　何らかのパッケージマネージャを利用したい場合は、お好みのパッケージマネージャをインストールしたうえでインストールをしてください。たとえば、macOSで人気の高いHomebrewを使うと次のコマンドでインストールできます。

```
$ brew install node
```

　Windowsのwingetを使う場合は次のコマンドが使えます。

```
> winget install "Node.js"
```

　Node.jsをインストールすると一緒にインストールされるパッケージマネージャのnpmコマンドを使ってPlaywrightをインストールしていきます。もし会社のネットワークなどでプロキシがある場合は、次のコマンドでプロキシを越えられるようになります。

```
# プロキシがある場合の設定方法
$ npm config set https-proxy http://アカウント名:パスワード@プロキシのURL
```

　第1章のハンズオンの中で、プロジェクトをセットアップしてPlaywrightのパッケージをインストールする方法を紹介します。Playwrightではテストで使うブラウザをサブコンポーネントとしてダウンロードしますが、その際にはHTTPS_PROXY環境変数があればプロキシ情報として認識してくれるため、上記の設定をする方はこちらも忘れずに設定しておくと良いでしょう。

注0.5　本書のサンプルの基本的な部分は他の言語版でも利用できますが、扱いやすいUIモード、APIテスト機能などNode.js版にしかない機能がいくつもあります。

注0.6　https://nodejs.org/en/download/

● Visual Studio Codeの拡張機能をインストール

Visual Studio Code（以下VS Code）にはMicrosoftが公式で出しているPlaywright用の拡張機能が用意されています。必須ではありませんが、この拡張機能をインストールすることで、テスト実行中の様子確認、テストの逐次実行、画面操作の記録といったことをVS Code上で行えるようになります。Playwrightはコマンドラインからも実行できますが、この拡張機能はコードを修正しながらテストも即座に実行するのに便利です。コマンドラインの実行方法は第1章のハンズオンの中で紹介します。

VS Codeのツールバーから［表示］>［拡張機能］と選択し、表示された拡張機能のサイドバーの検索欄に「playwright」と入力します。表示された「Playwright Test for VSCode」をインストールしてください。似たような名前のものがいくつか出てきますが、ダウンロード数が一番多い、Microsoft製のプラグインを選んでください（**図0.5**）。

図0.5　Playwright Test for VSCode

左側のツールバーのフラスコアイコン 🜂 を選択すると、プロジェクト内のPlaywrightのテストケースが一覧で表示されます。詳しい使い方は第1章のハンズオンの中で紹介します。

● 本書で扱うツールのバージョン

本書では2024年3月リリースのPlaywright 1.42.1を対象として検証を行っています。

目次

第1章　Playwright ハンズオン　　1

第2章　E2E テストツールの紹介　　29

第 3 章 Playwrightのテスト用ツールセット (1) ロケーター　41

第 **7** 章　ソフトウェアテストに向き合う心構え　135

付録

第 **1** 章

Playwrightハンズオン

||||||||||||||||||||||||||||||||

本章では、「まずは習うよりも慣れろ」の精神のもと、Playwrightの
ハンズオンを通じてプロジェクトの初期化からテストコードの作成、
コマンドラインでの起動方法、UIモードの利用方法、テスト結果の見方、
VS Code拡張機能の利用法、デバッグ方法などを紹介していきます。
E2Eテストを今回初めて学ぶという方は、実際に手を動かして雰囲気
を掴むことで理解が格段に進みます。

1.1 Playwrightのセットアップ方法

Playwrightのセットアップ方法を紹介します。1.2節以降のハンズオンでは、Webフロントエンドのプロジェクトを作ってからここで紹介するコマンドを実行するので、本節はまず、手を動かさずに説明を読んでください。

1.1.1　インストールと初期設定

Playwrightは Node.js のパッケージとして npm の Web サイトで提供されています。他にも、Python版は PyPI、Java版は Maven Central、C#版は NuGet.org と各プログラミング言語のパッケージリポジトリから提供されていますが、本書は一番高機能な Node.js 版を扱います。他の言語でも読み替えて利用はできますが、UIモードや Web API テストなど、Node.js 版でしか利用できない機能も多数ある点に注意してください。

コマンドライン[注1.1]を開いて、プロジェクトのフォルダに移動し、次のコマンドを実行します。本書では基本的なファイル操作のコマンドを使用することがあります[注1.2]。

```
$ npm init playwright@latest
```

E2Eテストを実行するプロジェクトであればおそらく、何かしらの Web フロントエンドの（package.jsonがある）プロジェクトがすでにあると思います。そのフォルダ内で、そのプロジェクトに Playwright を追加することも可能です。また、他の言語によるサーバサイドの HTML 生成が主体で Node.js のプロジェクトがない場合も同じコマンドで追加できます。後者の場合は Node.js のプロジェクト用のファイルが実行したフォルダに作られるため、混ざっても問題ないかは検討し、もし気になるならサブフォルダを作成して、その中で作業しましょう。

実行すると初期化に伴うオプションの変更についていろいろと聞かれます。ここでは、そのまま Enter を押していきましょう。何も入力せずに Enter を押した場合はデフォルト値で設定されます。今回のサンプルではすべてデフォルトでかまいません。

注1.1　macOS の場合は「ターミナル」、Windows の場合は「Windows PowerShell」が一般的です。さらに Windows の場合は、MSYS2環境（Git Bash など）やWSL（Windows Subsystem for Linux）環境を使うこともできます。もちろん、ネイティブLinux環境でもかまいません。

注1.2　macOS や Linux を使う場合、Windows の MSYS2（Git Bash）や WSL を使う場合は、本書で使用しているコマンドをそのまま当てはめて問題ありません。Windows PowerShell を使う場合は対応するコマンドに適宜読み替えてください。

```
Getting started with writing end-to-end tests with Playwright:
Initializing project in '.'
√ Do you want to use TypeScript or JavaScript? · TypeScript
√ Where to put your end-to-end tests? · tests
√ Add a GitHub Actions workflow? (y/N) · false
√ Install Playwright browsers (can be done manually via 'npx playwright install')? (Y/n) · true
Initializing NPM project (npm init -y)…
(…略…)
```

聞かれる内容は次の4点です。実際に利用する場合はそのプロジェクトに合わせて選択してください。

- TypeScriptを使用するかどうか

  デフォルトはTypeScriptです。JavaScriptの上位互換なのであえてJavaScriptを選ぶ必要はないでしょう

- テストコードを置くフォルダ名をどうするか

  デフォルトはtestsです。もしWebフロントエンドのプロジェクトで、すでに同名フォルダを使っているのであれば、e2eもしくはplaywrightあたりに変更しましょう

- GitHub Actionsのワークフローを追加するか

  デフォルトでは追加されません。本書でも後から追加します（第10章10.3節参照）

- Playwright用ブラウザをインストールするか

  デフォルトではChromium（ChromeのOSS版）、Firefox、WebKit（SafariのOSS版）がインストールされます。あとからnpx playwright installで手動でも入れられます。npx playwright install --helpで利用可能なブラウザ名一覧が表示されます[注1.3]

VS Codeの拡張機能をインストールしている場合はコマンドパレットを開き、Test: Install Playwrightを選択することでGUIのみでインストールが可能です（**図1.1**）。

図1.1 VS Code拡張機能を使ってPlaywrightをインストール

注1.3 　別のブラウザを利用したり、ブラウザの設定を行ったりする方法は第6章「6.4 複数ブラウザでの動作確認」で紹介します。

1.1.2　Playwrightのディレクトリ構成

これでインストールと初期設定が同時に完了しました。ディレクトリにはいくつかのファイル
が追加、変更されたことがわかります。

```
.
├── .gitignore
├── node_modules
│   └── (…略…)
├── package.json
├── package-lock.json
├── playwright.config.ts
├── tests
│   └── example.spec.ts
└── tests-examples
    └── demo-todo-app.spec.ts
```

簡単に、これらのファイルの内容を確認しておきましょう。まず、上から4つはPlaywrightに限
らず、npmが管理するディレクトリには共通して存在するものです。すでにあれば作成されません。

- .gitignore
  Gitの追跡対象外にするファイルやディレクトリが指定されています。たとえば、キャッシュに
  関するディレクトリが指定されています

- node_modules
  このディレクトリの下には、npmでインストールされたパッケージが依存関係をさかのぼって
  格納されています。Gitの追跡対象外です

- package.json
  npmが管理するパッケージの設定ファイルです。パッケージの依存関係やカスタムコマンド
  などを記載します

- package-lock.json
  package.jsonで設定されたパッケージの依存関係が詳細に記載されます

次のフォルダとファイルはPlaywrightに関係するものです。

- playwright.config.ts
  Playwrightの設定ファイルです

- tests
  テストコードを格納するフォルダです

- example.spec.ts
  サンプルのテストコードが記載されています
- tests-examples
  やや複雑なアプリのテストのサンプルを格納しています。まぎらわしいのですが、こちらはデフォルトでは実行対象ではありません。コード例を確認したあとはフォルダごと削除してかまいません
- demo-todo-app.spec.ts
  やや複雑なアプリに対するテストコードが記載されています

それでは、サンプルアプリケーションを作りつつPlaywrightを体験していきましょう。

1.2 テスト用Webアプリケーションの作成

　テスト用のWebアプリケーションを作成していきます。本章のサンプルではページ間の遷移も扱いたいので、ファイルを作るだけで複数のページが作れるNext.jsで作ります。もちろん、得意なフレームワークがある方、これから学びたいフレームワークがある方はそれに読み替えてもらってもかまいません[注1.4]。

　Next.jsはReactベースのフレームワークです。サーバ側に処理をオフロードしたり、事前生成で高速化したり、兎にも角にも高速化のギミックが盛りだくさんではあるため、単純なサンプルでは使わないほうが良いと考える人もいます。しかし、SimpleよりもEasyを体現するフレームワークであり、表面的に「環境整備済みのReact環境」として浅く使う分には恐れることはありません[注1.5]。高速なビルドツールも入っています。

　次のコマンドでプロジェクトを作成します。最初の名前は好きな名前を選んでください。その後いろいろ聞かれますが、すべて Enter で問題ありません。入力したプロジェクト名のフォルダが作成され、その中にファイルが生成されます。本書ではplaywright-handsonという名前を入れたものとして進めます。別の名前を入れる場合は適宜読み替えてください。

注1.4　執筆時点だとHonoXが今風でしょうか。このようなチャレンジは、新しいフレームワークの力を伸ばすのに最適です。
注1.5　ViteでReactプロジェクトを作るほうがシンプルですが、ファイルシステムベースのRouterが設定済みで、サーバAPIも簡単に追加できるNext.jsのほうが、Playwright以外のコード量が増えないため、本書ではNext.jsを使っています。

```
$ npx create-next-app@latest

✔ What is your project named? … playwright-handson ← 好きな名前
✔ Would you like to use TypeScript? … No / Yes
✔ Would you like to use ESLint? … No / Yes
✔ Would you like to use Tailwind CSS? … No / Yes
✔ Would you like to use `src/` directory? … No / Yes
✔ Would you like to use App Router? (recommended) … No / Yes
✔ Would you like to customize the default import alias (@/*)? … No / Yes
(…略…)
Success! Created playwright-sample at (略)/playwright-handson
```

　作成されたフォルダの中で開発サーバを起動し、ブラウザでアクセス、正しく設定が行えたことを確認してください。

```
$ cd playwright-handson
$ npm run dev

> playwright-handson@0.1.0 dev
> next dev

   ▲ Next.js 14.1.0
   - Local:        http://localhost:3000

✓ Ready in 3.1s
```

1.2.1　Playwrightの導入

　1.1節で説明したように、生成されたプロジェクトのフォルダ (playwright-handson) 内で次のコマンドを入力し、Playwrightを導入します。オプションはすべてデフォルトでかまいません[注1.6]。

```
$ npm init playwright@latest
```

　インストールが終わったら、次のようにテストを起動してみて、正しくインストールできたか確認してみましょう。

注1.6　このハンズオンでは、フロントエンドのプロジェクトと同じプロジェクトにE2Eテストを導入しています。「マイクロフロントエンド」でフロントエンドが複数のリポジトリに分かれている場合など、別リポジトリにテストを作成することもあるでしょう。これについては第10章「10.2　E2Eテストをどのリポジトリに置くか」で詳しく見ていきます。

```
$ npx playwright test

Running 6 tests using 4 workers
  6 passed (4.6s)

To open last HTML report run:

  npx playwright show-report
```

npmではなくnpxである点に注意してください。このテストは静的なPlaywrightのWebサイトにアクセスして実行するというサンプルのテストケースです。すぐに捨てることになりますが、動作確認には助かります。

不要なファイルやフォルダは削除しましょう。

```
$ rm tests/example.spec.ts
$ rm -rf tests-examples/
```

これからtestsフォルダにテストを書いていきます。

1.3 表示のテストとテストの実行方法

Playwrightの準備ができました。いよいよテストコードの中身を変えて、E2Eテストを実施していきましょう。

1.3.1 新規ページの作成

まずは/src/app/page.tsxを開き、既存のコードは全部削除して**リスト1.1**を入れてください。

リスト1.1　/src/app/page.tsx

```
import type { Metadata } from 'next'

export const metadata: Metadata = {
  title: '最初のページ',
  description: 'Playwrightハンズオンの最初のステップ',
}

export default function Home() {
  return (
    <main>
      <h1>Playwrightのハンズオン</h1>
      <p>あなたは1週間後にはE2Eテストのエキスパートです。</p>
      <p>
        <button>操作ボタン</button>
      </p>
    </main>
  )
}
```

余計なスタイルが入ってしまうので、/src/app/globals.css も中を空にしましょう。

npm run devを実行するとhttp://localhost:3000というURLでローカルマシン内でサーバが起動し、アプリケーションにアクセスできるようになります[注1.7]。動作確認を兼ねてブラウザで見てみましょう（図1.2）。

図1.2　今回作成したページをブラウザで表示してみたところ

1.3.2　最初のテスト

ページができたところでテストを書いていきましょう。「そのページにアクセスして、何が表

注1.7　すでに同じポートを使ったサーバを起動していると、Next.jsは3001、3002と空いているポートを探して起動しにいきます。コードを修正しても古いページが表示し続ける問題が発生した場合は、この挙動が原因の可能性があります。

示されているか」というテストを書きます（**リスト1.2**）。

リスト1.2　tests/home.spec.ts

```
import { test, expect } from '@playwright/test'

test('ページの表示テスト', async ({page}) => {
    await page.goto('http://localhost:3000')
    await expect(page).toHaveTitle(/最初のページ/)
    await expect(page.getByRole('heading')).toHaveText(/Playwrightのハンズオン/)
    await expect(page.getByRole('button', {name: /操作ボタン/})).toBeVisible()
})
```

コード上のポイントをいくつか紹介します。

まず先頭行で、テストケースで用いるPlaywrightのテストAPIがインポートされています。

```
import { test, expect } from '@playwright/test'
```

基本的なパターンではまずこの2つをインポートすれば十分です。主要なPlaywrightの機能はこの2つの関数とそのメンバーとして提供されています。

次にtest()関数を使ってテストケースを定義します。1つのテストケースは次の形式になっています。

```
test('テストケースの名前', async ({ page }) => {
  // テストケース本体
})
```

第1引数にテストケース名、第2引数にテストの実体を書いています。テストケースにはわかりやすい名前をつけます。日本語話者メンバー主体のプロジェクトであれば日本語で入れても良いでしょう。

テスト関数を非同期関数とするため、asyncを付けています。テストの中では、通信結果を待つ、表示が変更されるのを待つなど、時間経過を待つ必要があるケースがほとんどです。そのため、awaitを記述できる必要があります。

このtest()を使ったテストの枠組みを組み立てるテストAPIなどは第5章「テストコードの組み立て方」で説明します。ここではまず一番シンプルで、プリミティブなテストケースの構造を紹介します。

テスト関数に引数として渡されるpageには、ブラウザで開かれたWebページを指すオブジェクトが入っています。このpageは各テストごとに作成されます。

```
.goto('http://localhost:3000')
await expect(page).toHaveTitle(/最初のページ/)
```

　テストで最初に行うことは、そのテストしたいページにアクセスすることです。Webサイトの
ユーザーがブラウザ上で操作するのと同じです。この`page.goto()`メソッドは指定したURLを
ブラウザで開きます。ネットワーク待ちなどの処理が裏で行われるため、`await`が必要です。こ
こではページ遷移のついでにページタイトルの確認もしています。こういった「ナビゲーション」
周辺の詳細は第4章「4.1　ナビゲーション」で紹介します。

　この程度のテストはやるだけと無駄だと思われるかもしれませんが、そんなことはありません。
シングルページアプリケーションの場合はどこかでエラーが発生すると、ページ表示全体が行わ
れなくなったりします。何かしらの修正の間違いでリグレッションが発生していないかの確認の
ために、アプリケーションの各ページをとりあえず表示させてみる、というのは不具合検知の第
一歩として悪くない選択です。たいてい、バグの原因の多くは単純なミスであり、たまたまチェッ
クが漏れてそれに気づかないということはよくあります。そのような単純なミスを拾えるのです。

　ここではタイトルとの比較に正規表現を使っています。文字列を使えば完全一致でのテストに
なります。部分一致や空白の読み飛ばし、大文字小文字の無視など、より柔軟な確認を行いやす
いため、常に正規表現を使うのがお勧めです。

　次のテストではページの持つ情報についていくつかテストしています。

```
await expect(page.getByRole('heading')).toHaveText(/Playwrightのハンズオン/)
await expect(page.getByRole('button', {name: /操作ボタン/})).toBeVisible()
```

　ここでは見出し、ボタンのチェックをしています。チェックには「マッチャー」と呼ばれるメソッ
ド群を利用します。マッチャーについては第4章「4.3　マッチャー」で紹介します。また、マッチャー
はページ内の要素に対して適用しますが、その要素の選択には「ロケーター」を用います。ロケー
ターは第3章で紹介します。

　ここではページ内部の見出しに、指定したテキストが含まれるかどうかのテストと、特定のラ
ベルのついたボタンが表示されているかをテストしています。

　この段階では、静的で変更がない要素のテストしかありません。データ表示のページではこれ
でも十分ですが、E2Eテストとしてはユーザー操作のテストもしていきたいものです。次のステッ
プではユーザー操作のテストを行っていきます。

1.3.3　テストの実行

　ここでは、UIモードの利用方法や、コマンドラインインターフェース（以下CLI）を使ったテス
トの実行方法、VS Codeの拡張機能を使ったテストの実行方法を確認していきます。3つの方法
のうち、自分が使いやすい方法を選んで実行してみてください。どの方法を選んでも正しく表示

されてテストがパスするはずです。もし失敗する場合、デバッグ方法は次節で説明するのでとりあえず実行方法だけ確認して次節に進んでください。

○ UIモードを使ってテスト実行

Playwrightに初めて触るのであれば、まずはUIモードを使ってテストを実行すると良いでしょう。UIモードは、テストが失敗した場所を見て問題の原因を探すのに便利です。UIモードは次のコマンドで起動します。

```
$ npx playwright test --ui
```

デスクトップアプリケーションが立ち上がります（図1.3）。

図1.3　PlaywrightのUIモード

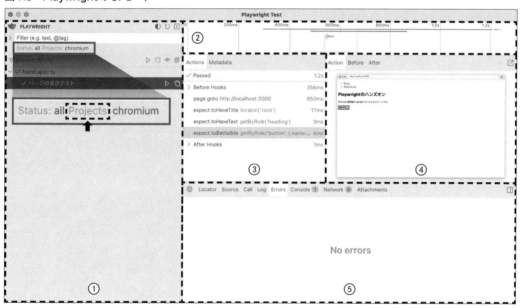

デスクトップアプリケーションのため、Dev Containersなどを使ってリモートで実行する場合は一工夫必要です（「付録B　Dev Containersを利用した環境構築」で説明しています）。

なお、UIモードではデフォルトではChromiumベースのテストで実行するようになっていますが、左上の [Projects] をクリックすることで他のブラウザも選択できます。また、デバッガーと統合したテストのデバッグ実行についてはVS Code拡張機能で行います。

UIモードは大きく左右のペインに分かれます。

左側のペイン（①）では主にテストの実行とテストケースの選択を行います。

- ▷ ボタン

  UIモードでおもに使うボタンです。押すとテストを実行します。フィルタ直下の ▷ を押すとすべてのテストを実行します。その下のテストリストの中の ▷ を押せばそのテストのみを再実行できます

- ⊙ ボタン

  トグルになっており、選択しておくとテストコードが変更されたときにテストを自動で再実行します。便利なので選択しておくと良いでしょう

- ⧉ ボタン

  クリックするとそのテストをエディタで開きます

右側のペインはテスト中の状況の詳細なレポートです。

- 上段のタイムラインビュー（②）

  時間ごとの画面表示の変化を表しています

- 中央ペイン（③）の [Actions] タブ

  テスト中の各ステップがリストアップされています。各行を選択すると、そのステップの選択した要素情報や、その前後のHTMLのDOMの変化が右側に表示されます。下段ペイン（⑤）の [Source] タブと [Call] タブでは、それぞれのステップの該当のテストコードの行の表示と、そのテストメソッドのパラメータ（デフォルト値も含む）と処理時間がわかります

- 中央ペイン（③）の [Metadata] タブ

  ブラウザのサイズなどの情報が含まれています

- DOMスナップショット（④）右上のポップアウトアイコン（⬀）

  クリックすると、そのときのDOMの状態が表示されたブラウザウインドウが開きます。そこから開発者ツールを開くと、中のDOMの状態が確認できます。ブラウザウインドウを開かなくてもDOMスナップショットのプレビュー上で右クリックから [検証] を選択するとChromeの開発者ツールが開けます

- 下段ペイン（⑤）の [Log] [Errors] [Console] [Network] タブ

  それぞれ、テスト中に出力されるさまざまな情報が出力されます。テストの中でどのような出来事が発生したのかを確認するのに役立ちます

下段ペイン（⑤）の [Locator] タブとその左の ◎ アイコンについては次節で説明します。

なお、UIモードはしばらく操作しないと、「つながらない」というメッセージが表示されますが、 Ctrl + R （macOSでは ⌘ + R）で復帰できます。

Node.js以外の言語ではUIモードがありません。その他の言語でテストの詳細な情報を知りた

い場合はトレースを出力し、トレースビューアを使って見る必要があります。また、あくまでも結果の閲覧だけでテストの実行は行えません。詳しくは各言語のドキュメントを参照してください。

なお、--ui-host=0.0.0.0というオプションを--uiの代わりに利用することで、デスクトップアプリケーションの代わりにHTTPサーバが起動し、ブラウザでアクセスできます。仮想環境などの中から利用するときに使えます。

○ CLIを使ったテスト実行

CLIでは、テストはnpx playwright testで実行します。複数のブラウザで実行し、結果をまとめて報告します。

● テストを実行

```
$ npx playwright test [テストオプション][テストフィルタ]
```

テストフィルタには次のようなオプションがあります。

- **何も設定しない**
  すべてのテストケースを実行します
- **フォルダを指定**
  そのフォルダの中に含まれるテストを実行します
- **フォルダ以外の文字列を指定**
  その文字列がファイル名に含まれるテストを実行します
- **テストコード:行番号**
  その行のテストケースのみを実行します（例：home.spec.ts:3）
- **-g "テストケース名"**
  テストケース名を指定します。部分一致でも選択されます（例：-g "表示"）

テストオプションには次のようなものがあります。

- **--project=プロジェクト名**
  プロジェクトを指定して実行します。マルチブラウザのテストは、ブラウザごとにプロジェクトを作ることで実現します。詳しくは第6章「6.4　複数ブラウザでの動作確認」で説明します（例：--project=chromium）
- **--headed**
  ウインドウを表示した状態でテストを行います

ブラウザ（プロジェクト）ごとの成功／失敗の情報や、テストケース中のアクションの情報（とそれぞれの実行時間）は `playwright-report/index.html` というファイルに出力されます。

○ VS Code 拡張機能を使ったテスト実行

VS Code の拡張機能は UI モードに近い操作でテストの実行が行えます（**図1.4**）。

図1.4　VS Code 拡張機能でテスト実行

左側の［テスト］タブの ▷ を押すことでテストが実行できますが、UIモードとは異なり、実行するプロジェクト（ブラウザ）を選択できます。また、⚡ を押すことでデバッグ実行が行えます。ただし、アプリケーションコード内にはブレークポイントは貼れません。有効なのはテストファイル内のみです。

デフォルトでは UI モードのような詳細なテストのレポートは見れず、成功か失敗か、処理時間、失敗時の詳細情報ぐらいの結果しか見れません（**図1.5**）。

図1.5 VS Code拡張機能でテスト実行（エラーの表示）

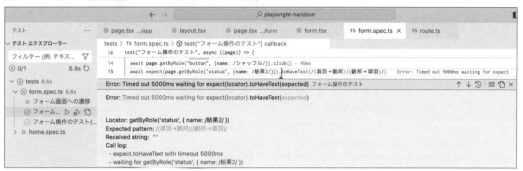

UIモードで見られるように、正常にパスしたところも（偽陰性でテストが成功してしまった場合などに）確認したい場合や、通信記録、テストケースの前後の見た目も調査したい場合、[PLAYWRIGHT] ペインの Show trace viewer にチェックを入れると、詳細なレポートが見れます（**図1.6①**）。

図1.6 [PLAYWRIGHT]ペイン

また、［テスト］タブ以外でも、テストコードの右についている ◎ でもテストを実行できます。これは編集中の特定のテストケースだけを実行したり、デバッグ実行をしたりしたい場合に便利です（図1.7）。

図1.7　テストコード上でテストを実行

また、［PLAYWRIGHT］ペインの Show browser を選択するとテスト結果時にブラウザを表示します（図1.6②）。DOMの様子を実際にブラウザで探ってみたい場合などに役立ちます。また、このモードにおいて、テストコード横の ▷ で実行すると、エディタとブラウザが連動します。エディタで要素選択のロケーターにカーソルを合わせると、テストを実行せずにその場でブラウザ側の該当要素がハイライトされます（図1.8）。これは、テストコードがうまく動かないときのデバッグに力を発揮します。

図1.8　エディタのカーソル位置の要素がブラウザ上でハイライトされる

1.4 ページ遷移のテストとテスト生成機能

それでは次のステップとして、リンクによるページ遷移のテストを行います。ここではテストの生成のヘルプ機能も見てみましょう。

まずは各ページの共通部である`layout.tsx`にメニューを追加します。これはNext.jsの機能で、各ページ間で変更のない共通部分を`layout.tsx`というファイルに書いておきます（**リスト1.3**）。先ほど作ったホームのページと、これから作る入力フォームのページへのリンクが書かれています[注1.8]。

リスト1.3　src/app/layout.tsx

```
return (
  <html lang="ja">
    <body className={inter.className}>
      <ul>
        <li><a href="/">ホーム</a></li>
        <li><a href="/form">入力フォーム</a></li>
      </ul>
      {children}
    </body>
  </html>
)
```

次に新しいページを作成します。Next.jsの現在のバージョンのデフォルトのApp Routerでは`src/app`フォルダ下に任意のフォルダを作成し、その中に`page.tsx`ファイルを置くとそれが新しいページとして認識されます。**リスト1.4**のように`src/app/form/page.tsx`ファイルを作成します。

注1.8　本来Next.jsでリンクを扱うときは、プリロード高速化のために`<Link>`コンポーネントで`<a>`タグをラップしたりしますが、結果は変わらないため、このサンプルでは省略しています。

リスト1.4　src/app/form/page.tsx

```tsx
import type { Metadata } from 'next'

export const metadata: Metadata = {
  title: '入力フォーム',
  description: 'Playwrightハンズオンの第2のステップ',
}

export default function Form() {
  return (
    <main>
      <h1>入力フォーム</h1>
    </main>
  )
}
```

　これでページ遷移のテストの準備が整いました。フォームの中のテストはまたあとで書くとして、まずはページ遷移のテストを行います。

┃ 1.4.1　フォーム入力のテストを生成する

　Playwrightにはテストコードの生成機能があります。完全に動作するテストを書かせることもできれば、テストの一部の要素選択だけ書かせることもできます。

　テストコード生成機能には3通りの起動方法があります。入り口とアウトプットの出力先が違うだけでツールとしてはどれも同じです。

　まずはCLIでコード生成ツールを起動する方法です。URLは省略可能です。

● コード生成ツールをCLIから起動

```
$ npx playwright codegen http://localhost:3000
```

　この方法で起動すると、コード片を表示するウインドウとブラウザウインドウが開きます（**図1.9**）。

図1.9 CLIで起動する生成ツール

ブラウザでの操作がコードウインドウに表示されるので、自分でエディタにコピー＆ペーストします。このモードのときだけ、生成コードの言語や対象のライブラリなどが選択できます。

他の2つの方法はVS Codeの拡張機能です。こちらはNode.js版限定です。VS Codeのサイドバーのフラスコアイコン 凸 を選択したあとの、Playwrightペインに並んでいます。

［Record new］（①）、［Record at cursor］（②）の2つの機能がありますが、どちらもCLIから起動したコード生成ツールと同じブラウザウインドウが表示されます（**図1.10**）。

図1.10 ［PLAYWRIGHT］ペイン

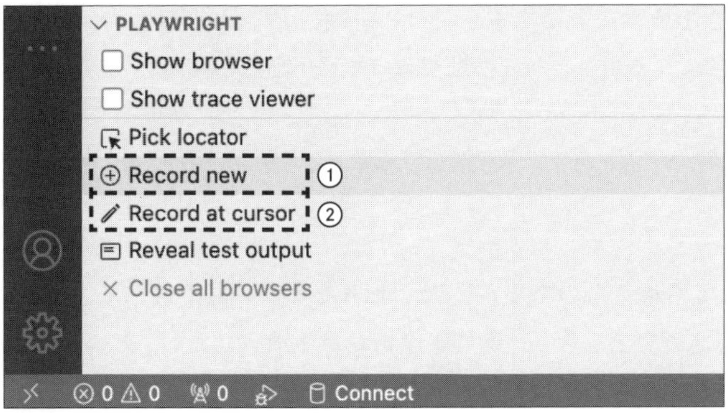

　操作は同じですが、スクリプトの出力先が異なります。[Record new] を選択すると、新しいソースコードが生成され、そこにコードが追加されていきます。[Record at cursor] は現在のカーソル位置にコードが追加されていきます。テストファイルを作成し、次のコードを入力してコメントの位置にカーソルを置いてから起動すると良いでしょう。

```
import { test, expect } from '@playwright/test'

test('テスト名', async({page}) => {
    // ここ
})
```

　レコーダーを起動すると、ツールバーが表示されます（図1.11）。

図1.11　レコーダーのツールバー

　レコーダーは記録モードに入った状態で起動します。この状態で行った操作がテストコードとして記録されていきます。ツールバーの要素について見ていきます。

- ⌷
  要素選択のコードを生成し、別ウインドウ（単体のテストツールであればコード生成ツールの下のペイン）にそのコードを出力します。このコードはテストコードには出力されません
- ⊙
  選択してからブラウザウインドウの要素を選択すると、その要素が表示されたかどうか検証するコードが出力されます
- ab
  選択してからブラウザウインドウの要素を選択すると、テキストボックスが表示され、選択された要素に入力したテキストが含まれるかどうかを検証するコードが出力されます
- ▤
  選択してからブラウザウインドウのテキストボックスを選択すると、その要素の値を検証するコードが生成されます

　最初の機能はロケーターを表示してくれるものですが、これはUIモードの右下のペインの ◎ でも使えます。「生成機能までは大げさだけど、ちょっと要素選択だけ生成させたい」といった場合に使えます。
　ツールの準備ができたらさっそくコードを生成させてみましょう。

　CLIからURL付きでコード生成ツールを起動する方法以外の場合はブランクウインドウが表示されるので、まずはアドレスバーに`http://localhost:3000`と入力しましょう。URL付きで実行した場合は最初からこの画面になっています。次に、表示されたら先頭のリストから「入力フォーム」と書かれたリンクをクリックします。するとページが切り替わります。最後に、◎を選択してから見出しを選択します。

　VS Codeで新規作成する場合、テスト名は`tests/test-1.spec.ts`のような名前になっているため、適切な名前に変更します（**リスト1.5**）。

リスト1.5　生成されたコード（テスト名だけ変更済み）

```
import { test, expect } from '@playwright/test'

test('フォーム画面への遷移', async ({ page }) => {
  await page.goto('http://localhost:3000/')
  await page.getByRole('link', { name: '入力フォーム' }).click()
  await expect(page.getByRole('heading', { name: '入力フォーム' })).toBeVisible()
})
```

　今回は`form.spec.ts`としました。CLIから起動した場合はエディタ上であらためてファイルを作成し、コピー＆ペーストして`tests`フォルダの中に保存します。

　ページ遷移のテストなので、URLや、前節のようなページタイトルの検証を入れても良いでしょう。これらの細かい検証は生成ツールでは追加できないため、手動で追加する必要があります。

　試しに、リンクをクリックしたあとの行に次のURLマッチャーを足します。

● 1つマッチャーを追加する

```
await expect(page).toHaveURL('http://localhost:3000/form')
```

　追加したら、前節で紹介したように実行してみて、この新規作成したテストもパスすることを確認しましょう。

　生成機能は便利で、Playwright自体が初めてで右も左もわからない人がとりあえず作ってみる、というのに適してはいます。しかし、すでにアプリケーションとして存在する機能にしか適用できません。UIデザインツールのFigmaなどのデザイン絵から生成すれば開発サイクルとしてはより健全にできそうですが、現在動いているサーバに対してこの機能を使うだけでは「現在正しく動いているものを追認するテスト」でしかなく、このテストで新しいバグを発見することは難しいです。

　バグが出るとわかっているケースでこの機能を使ってバグが発現するところまで操作し、バグが見つかったあとのコードだけ手直しして本来あるべき状態を表すコードにする、というように、

多少の手修正は必要になるでしょう。

次のステップではテストを事前に作成して実行する方法を学んでいきます。

1.5 ┃ フォーム操作のテスト

　フォームに値を入れ、ボタンを押したらサーバ通信を行い、その結果が画面に表示されるというページを作って、そのテストを行ってみます。

　ZoomやGoogle Meetなどでテレビ会議をすると参加者一覧に名前が並びますが、これは誰から見ても同じ並びをしているわけではなく、人によって見え方が違います。「じゃあ見えている順番に発表してください」と言ってみても、人ごとに違ってしまうと結局誰から発表したらいいのかわからなくて慌てた経験をしたことがある人は多いと思います。そこで、順番を決めるのに特化したWebサービスを作成してみましょう。

　テキストボックスが3つあり、そこに名前を入れて「シャッフル」ボタンを押すと最後に結果が表示されるものとします。空欄があったらそこは空席とみなしてスキップします。まずはデータの流れを作ってから、きちんと作り込むように進めていきます。まずはシャッフルせずに入力したとおりにサーバが返す実装を作ります。

　まずはテストを作成しましょう。2人分のデータを入れてシャッフルさせたらその結果が表示されるというテストにします。シャッフルなので結果は正規表現で書いています（**リスト1.6**）。

リスト1.6　フォームのテスト（form.spec.ts）

```
test('フォーム操作のテスト', async ({page}) => {
    await page.goto('http://localhost:3000/form')
    await page.getByRole('textbox', {name: /1人目/}).fill('項羽')
    await page.getByRole('textbox', {name: /2人目/}).fill('劉邦')
    await page.getByRole('button', {name: /シャッフル/}).click()
    await expect(page.getByRole('status', {name: /結果/})).toHaveText(/(項羽→劉邦)|(劉邦→項羽)/)
})
```

　それではソースコードを作成していきます。まずはフォームです（**リスト1.7**）。本来は全部のフォームの値を送らなければならないのに、送信データを組み立てるコードにバグがあったとします。

リスト1.7　フォームのコード（src/app/form/form.tsx）

```tsx
'use client'

import { useState, useCallback, useRef } from 'react'

export function ShuffleMemberForm() {
    // 結果
    const [result, setResult] = useState([] as string[])
    // 要素への参照
    const firstRef = useRef<HTMLInputElement>(null)
    const secondRef = useRef<HTMLInputElement>(null)
    const thirdRef = useRef<HTMLInputElement>(null)
    // 通信
    const callApi = useCallback(async () => {
        const members = [] as string[]
        const refs = [firstRef, firstRef, firstRef] // ここにバグ！
        for (const ref of refs) {
            if (ref.current?.value) {
                members.push(ref.current?.value)
            }
        }
        const res = await fetch('/api/shuffle', {
            method: 'post',
            body: JSON.stringify({ members })
        })
        if (res.ok) {
            const result = await res.json() as { members: string[]}
            setResult(result.members)
        }
    }, [])
    return (
        <>
            <label htmlFor="first">1人目:</label>
            <input type="text" ref={firstRef} id="first" name="first" placeholder="1
人目の名前を入力"/><br/>
            <label htmlFor="second">2人目:</label>
            <input type="text" ref={secondRef} id="second" name="second" placeholder
="2人目の名前を入力"/><br/>
            <label htmlFor="third">3人目:</label>
            <input type="text" ref={thirdRef} id="third" name="third" placeholder="3
人目の名前を入力"/><br/>
            <button onClick={callApi}>シャッフル</button><br/>
            <label htmlFor="result">結果</label><br/>
            <output id="result" htmlFor="first second third fourth">{result.join("→"
)}</output>
        </>
    )
}
```

このフォームを先ほどのページ（**リスト 1.4**）に追加します。

リスト 1.8　リスト 1.4にリスト 1.7を追加（src/app/form/page.tsx）

```
<main>
    <h1>入力フォーム</h1>
    <ShuffleMemberForm />
</main>
```

サーバ側のAPIも作成します。Next.jsでは route.ts という名前のファイルを src/app/api 以下に置けば、簡単にサーバAPIを実装できます（**リスト 1.9**）注1.9。

リスト 1.9　サーバAPI（src/app/api/shuffle/route.ts）

```
import { NextResponse } from 'next/server'

export async function POST(request: Request) {
    const { members } = await request.json() as { members: string[] }
    const result = members.sort(() => Math.random() - 0.5)
    return NextResponse.json({ members: result } )
}
```

さっそく実行してみると、エラーが発生しました（**図1.12**）。

図1.12　テスト失敗

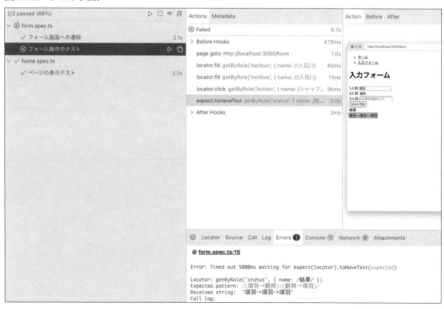

注1.9　本サンプルでは重要ではないため省略していますが、本来はzodなどを使い、サーバ側の入力チェックや、クライアント側のサーバレスポンスにチェックを入れておきたいところです。

　1人目の情報を3回使っているので、同じ人が3回表示されてしまっています。選択した要素が見つからなかった、選択した要素の状態が期待と違ったなど、どこでどのように失敗したのかの詳細な情報は［Actions］にあります。ここでは期待したテキストがないということでエラーになっています。

　問題が起きたときは、期待されるデータのフローを考えてみて問題を探索していきますよね？ここでは次のような経路でデータが流れます。

1. データ入力
2. JSON組み立て
3. サーバに送信
4. サーバで処理
5. ブラウザに返信
6. Reactのステートに格納
7. 表示

　console.log()を書けば、ブラウザ上のログはUIモードでテストケースごとに表示できます。サーバのログはテストサーバを起動したCLIで見れます。送受信の記録はUIモードで見れます。

　確認しやすいデータ通信を見てみましょう。［Network］タブを開き、［shuffle］を見ると、通信のリクエストとレスポンスを確認できます。リクエストボディを見ると、ここですでに同じ要素を3つ送っていることがわかります（図1.13）。

図1.13　送信ボディに問題発見

　これで、送信前のJSONを組み立てているところに問題があるということがわかりますね。リスト1.7の該当部分をさっそく修正して再実行してみましょう。

```
const refs = [firstRef, secondRef, thirdRef] // 直した！
```

今度はテストが通りました（**図1.14**）。

図1.14　テストがパスした！

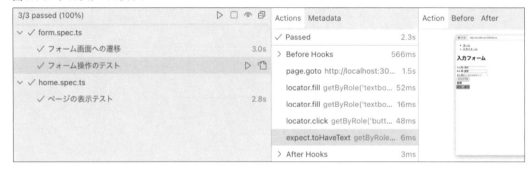

　紙面の都合もあり、シンプルな例しかお見せできませんでしたが、どこで失敗したのかを追跡しやすいツールが付いているというのはとても心強いものです。テスト駆動開発では「十分に細かい粒度でテストしていけばデバッガーはいらない」と説明されますが、浅いコードならともかく、狭くて深いコード[注1.10]だったりすると、やはりデバッガーは使いたいし、printfデバッグはしたいものです。転んだことがわかっても、どの石ころにつまづいたかを知らないと問題は修正できないからです。E2Eテストはユニットテストよりもテストケースが少なく、1つのケースで多くのことを行いがちなため、余計にその傾向があります。

　Playwrightを使えば処理の流れを追いかけるのがだいぶ楽になり、問題がある箇所を簡単に絞り込めます。第9章「Web APIのテスト」でも紹介しますが、新世代のデバッガーとしてもみなさんのお役に立てるでしょう。

　なお、今回は3つの入力ウインドウがありましたが、2つしか入れていません。結果がランダムなのでバリエーションが6通りになってしまい、正規表現が長くなるからです（**リスト1.10**）。

注1.10　『A Philosophy of Software Design 2nd』（John Ousterhout, Yaknyam Press, 2021）より。正規表現クラスのような、インターフェースはシンプルな一方、内部で壮大なロジックを内包しているような凝集度の高いモジュール設計を指す。

リスト1.10 3つの入力ウインドウにデータを入れる場合のテスト(tests/form.spec.ts)

```
test('フォーム操作のテスト(サーバーモック)', async ({page}) => {
    await page.route('/api/shuffle', async route => {
        const json = [{ members: ['張飛', '関羽', '劉備'] }]
        await route.fulfill({ json })
    })

    await page.goto('http://localhost:3000/form')
    await page.getByRole('textbox', {name: /1人目/}).fill('劉備')
    await page.getByRole('textbox', {name: /2人目/}).fill('関羽')
    await page.getByRole('textbox', {name: /3人目/}).fill('張飛')
    await page.getByRole('button', {name: /シャッフル/}).click()
    await expect(page.getByRole('status', {name: /結果/})).toHaveText(/張飛→関羽→劉備/)
})
```

　Playwrightを使えばサーバレスポンスをモック化して固定のレスポンスを返すこともできます。「本番環境でデータを書き換えるリクエストは飛ばしたくない」「自由に変更できない外部のSaaSサービスなのでローカルのテストごとに状態を作れない」といったケースも対応できます。詳しくは第6章「6.3　ネットワークの監視とハンドリング」で説明します。

1.6 まとめ

　Playwrightとフロントエンドのプロジェクトをセットアップし、テストを作成して実行する流れを見てきました。最初は腰が重いかもしれませんが、Webページが自動で操縦され、テストされていくのを見るのは楽しいものです。

　本章で触れた機能はPlaywrightの主要な機能ですが、ごく一部です。次章からはよりPlaywrightを活用していくための機能を紹介していきます。

E2Eテストツールの紹介

第2章ではPlaywright を用いてハンズオンを行いましたが、
Playwright以外にも多くのE2Eテストツールが存在します。本章で
は、E2Eテストツールの歴史とともにいくつか代表的なツールを紹介
します。

2.1　E2Eテストツールの歴史

　ここでは、本書がおもに対象としているWebアプリケーション向けのE2Eテストツールだけでなく、パソコン上の作業を自動化するRPA (Robotic Process Automation) ツールやGUIテストツールといった、さまざまな自動化技術の呼称で知られているツールも含めて、その歴史を見ていきます（**図2.1**）。

図2.1　E2Eテストツールの歴史

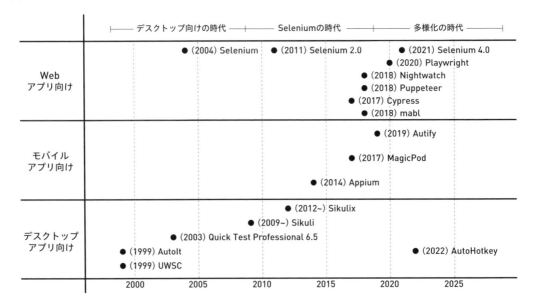

　歴史を振り返ると、2000年代初頭にはすでに、エンドユーザーの視点からGUIの自動テストを行う試みが見られました。当時はWindowsデスクトップアプリケーションが主流であり、Windows専用の自動化ツール（例：UWSCやAutoIt）や、画像認識を活用した自動化ツール（例：Sikuli）が利用されていたことが特徴的です。

　そのあと、Webアプリケーションが普及するにつれ、Seleniumをはじめとするブラウザベースの自動化ツールが登場しました。Seleniumは、ブラウザ操作を自動化するために開発された

WebDriverを含む技術が標準技術としてW3C[注2.1]に取り入れられるなど、ブラウザ操作の自動化ツールとして長らくデファクトスタンダードの地位を確立しました。

2017年ごろからは、Seleniumを凌駕する新たなツールが次々と登場しました。この時期には、Angular、React、Vue.jsなどのモダンなJavaScriptフレームワークを使用したWebアプリケーションが広まり、フロントエンド技術はより高度で複雑な形へと進化しました。Seleniumは、もともとテスト用途に特化したものではなく、汎用的なブラウザ操作ツールとして開発されており、SPA（シングルページアプリケーション）を中心としたモダンなWebアプリケーションのテストにおいては、機能不足やテストコードの複雑化といった課題を抱えていました。この問題を解決するために、CypressやPlaywrightといった、テストに特化したさまざまな機能を備えたブラウザベースのテストツールが登場しました。

さらに、近年ではコードベースのテストフレームワークだけでなく、直感的な画面操作によるテスト作成を可能にするノーコード型のSaaSサービス（例：Magic Pod、mabl、Autify）も現れました。これらのサービスはWebアプリケーションに限らず、モバイルアプリケーションのテストにも対応しており、アプリケーション開発の多様化する現代において、その需要は高まっています。

このように、E2Eテストツールの歴史は、技術の進化とともに、開発者やテスターが直面する課題に応じて、さまざまな形で進化し続けています。新たな技術の登場によって、より効率的かつ効果的なテストが可能になってきており、これからもその動向に注目が集まるでしょう。

2.2 ブラウザベースのE2Eテストツール

ここでは、Webアプリケーションを対象としたブラウザベースのE2Eテストを行うための主要なツールであるCypressとPlaywright、およびその周辺ツールであるPuppeteerについて、それぞれの特徴を登場順に紹介します。

注2.1　W3C（World Wide Web Consortium）は、Web技術の標準を策定している非営利団体です。W3Cで標準化されている仕様には、HTTPやHTML、CSSなどWeb開発の基盤となる多くの重要な技術が含まれています。

2.2.1　Cypress

　Cypress は Cypress.io, Inc. によって主導されているオープンソースのテストフレームワークで、2017年10月にバージョン1.0.0がリリースされました。

　Selenium がブラウザの自動操作ツールとして汎用的な用途を持つのに対し、Cypress は純粋にテスト用途に特化して設計されています。モダンな JavaScript フレームワークを用いて構築された Web アプリケーションを対象として、E2E テストだけでなく、ユニットテストから、コンポーネントのテスト、インテグレーションテストまで幅広いテストに対応しています。

　Cypress の主な特徴は次のとおりです[注2.2]。

● 高速なテスト実行

　ブラウザ内で直接テストランナーを動作させることにより、ネットワーク経由でブラウザを操作する他のテストツールと比べ、高速かつ信頼性の高いテスト実行を実現します。このアプローチにより、開発者はアプリケーションの開発過程でリアルタイムにテストを行い、テスト結果を迅速に得ることが可能となります。

● スムーズで直感的なテスト体験

　Cypress のインストールはパッケージマネージャーを利用して簡単に行うことができ、追加のサーバやドライバーのセットアップは不要です。開発者は Cypress が提供する直感的なインターフェースを通じて、読み取りやすく、理解しやすいテストコードを簡単に作成できます。さらに、Cypress Studio を使用すれば、GUI操作を通じて直接テストを生成することも可能となります。これにより、テストプロセスが大幅に簡素化され、効率的な開発が促進されます。

● 高いデバッグ性

　ブラウザ内でテストランナーを動作させるため、開発者はブラウザのデベロッパーツールを利用してテストコードを直接デバッグできます。その他にも、テスト実行中にアプリケーションの挙動をステップバイステップで観察するタイムトラベル機能、リアルタイムでの自動リロード、スクリーンショットや動画の自動取得など、デバッグ作業を効率化するためのさまざまな機能が提供されています。

注2.2　公式ドキュメント (https://www.cypress.io/app) に記載されている4つの特徴をサマライズ。

● 不安定なテストの解消

　自動待機機能やリトライ機能をサポートし、各テストをクリアな状態のブラウザ環境で実行します。これにより、同じテストが一貫性なく成功したり失敗したりする不安定なテスト（フレーキーテスト）の発生を効果的に解消します。

2.2.2　Puppeteer

　Puppeteerは、Googleによって開発されたNode.jsライブラリで、ChromeやChromiumの操作を可能にします。このライブラリは2018年1月にバージョン1.0.0として正式にリリースされました。Cypressがテストフレームワークやアサーションライブラリをオールインワンで提供するのに対し、PuppeteerはあくまでChromeやChromiumを操作するためのライブラリです。テスト作成時には、Jestなどのテストフレームワークと組み合わせて使用されることが一般的です。E2EテストツールとしてのPuppeteerの主な特徴は次のとおりです[注2.3]。

● CDPによるブラウザ操作

　Chrome DevTools Protocol（CDP）を介してネイティブにChromeやChromiumと通信を行うため、WebDriverを利用するSeleniumよりも高速に動作する傾向があります。また、ChromeやChromiumに特化した機能を利用できるため、より高度なブラウザ操作を実現できます。

● 充実したデバッグ

　ヘッドレスモードだけでなくヘッドフルモードでのブラウザ起動をサポートするため、視覚的な動作確認を可能にします。また、スローモーション再生や開発者ツールを利用したデバッグ機能を提供することで、開発者がより効率的にデバッグ作業を行えるよう支援します。

● 非機能テストに特化した機能の提供

　ChromeおよびChromium独自のAPIを利用して、処理時間やメモリ使用量の詳細な計測、ページのカバレッジ計測など、高度な機能を提供します。

2.2.3　Playwright

　Playwrightは、Microsoftが開発を主導するオープンソースのWebアプリケーション向けテス

注2.3　「［速習］Puppeteer〜ヘッドレスChromeでテスト＆スクレイピング」（https://gihyo.jp/list/group/速習-Puppeteer-〜ヘッドレスChromeでテスト-スクレイピング#rt:/article/2022/09/rapid-learning-puppeteer-03）を参考に特徴をサマライズ。

トフレームワークです。2020年5月にはバージョン1.0.0がリリースされました。

　Playwrightの開発は、もともとGoogleでPuppeteerを開発していたチームが、Chromeや
Chromiumに限らず、すべての主要ブラウザでPuppeteerと同等の機能を提供することを目指し
て開発を始めました。その結果、2023年現在、PlaywrightはPuppeteerで可能な操作をほぼす
べてサポートするレベルに達しています。

　PuppeteerがChromeやChromiumを自動操作するライブラリとして位置付けられているの
に対し、Playwrightは、これ以外のブラウザ対応を含め、より幅広い機能を提供します。具体的
には、テストランナー、アサーションライブラリなどを含む、より統合されたテストフレームワー
クとしての機能をオールインワンで提供します。これにより、Cypressと同様の位置付けになり、
開発者は異なるブラウザ間で一貫したテストを実施できます[注2.4]。

　Playwrightの主な特徴は次のとおりです[注2.5]。

❍ クロスブラウザ／クロスプラットフォーム／他言語サポート

　Chromium、WebKit、Firefoxをはじめとする主要なブラウザ／ブラウザエンジンをサポートし、
Windows、Linux、macOSなどの主要なプラットフォームで動作します。さらに、JavaScript/
TypeScript、Python、.NET（C#）、Javaなどの複数の言語でPlaywright APIを使用できます。

❍ 堅牢で安定したテスト

　HTMLの要素が操作可能になるまで自動で待機するオートウェイト機能と、特定の操作やアサー
ションが失敗した場合にその操作を自動的に再試行する自動リトライ機能を備え、フレーキーテス
トの問題を解消します。さらに、実行トレースやビデオ、スクリーンショットをキャプチャす
るトレーシング機能を提供し、テストプロセスの信頼性を向上させます。

❍ 制限のないテストシナリオ

　ブラウザとは別のプロセスでテストを実行することにより、Cypressのようにブラウザ内でテ
ストを実行するツールでは実現が困難だった、複数のタブ、複数のドメイン、複数のユーザーに
またがるテストシナリオを可能にします。このアプローチにより、開発者はより複雑なユーザー
インタラクションやE2Eのテストフローをシミュレートできるようになります。

　また、従来はアクセスするのに苦労することが多かったShadow DOMやインラインフレーム
内の要素に対し、開発者がとくに意識することなくシームレスにアクセスできるようになり、テ

注2.4　前面に押し出してはいませんが、Playwrightはブラウザ自動操縦ライブラリとしての利用も可能です。「付録D　Playwrightを使っ
　　　たスクレイピング」で軽く紹介しています。

注2.5　公式ドキュメント（https://playwright.dev）に記載されている4つの特徴をサマライズ。

ストの表現力を向上させます。

　詳細は第3章で説明しますが、アクセシビリティ情報（WAI-ARIAロール）の活用により、壊れにくく堅牢なテストが実現できることも大きな特徴と言えます。

○ テストの完全な分離と高速化

　各テストに対して独立したブラウザコンテキストを生成します。これは、まるで新しいブラウザプロファイル（ユーザー設定やデータが保存される環境）を作るようなものです。これによりそれぞれのテストが他のテストの設定やデータに影響されることなく、独立して実行されます。

　さらに、多くのテストで繰り返されるログイン操作などは、ログイン情報を一度コンテキストに保存して再利用することができます。また、デフォルトでテストはファイルごとに並列で実行されます。これにより、独立したテスト間で完全な分離を保ちつつ、テストの実行速度を大幅に向上させます。

○ テスト作成とデバッグのための強力なツール

　ユーザーのブラウザ操作を記録してテストを生成するコード生成機能、要素の検証やテストのステップ実行が可能なインスペクター、そしてテスト失敗時の分析を支援するトレースビューアを提供し、テスト作成とデバッグプロセスを効率化します。これらのツールは、開発者がより迅速に正確なテストを構築し、問題の原因を特定することを容易にします。

2.2.4　E2Eテストツールの比較

　Cypress、Puppeteer、Playwrightを比較した結果を表2.1にまとめています。

表2.1　各ツールの比較

	Cypress	Puppeteer	Playwright
開発元	Cypress.io	Google	Microsoft
ライセンス	MIT License	Apache License 2.0	Apache License 2.0
v1.0.0リリース	2017年	2018年	2020年
最新バージョン	v13.6.4	v22.0.0	v1.41.2
実装言語	JavaScript	JavaScript	TypeScript
GitHub Stars	45.8k	86.1k	59.3k
ブラウザサポート	Chromium、Chrome、Edge、Firefox、Electron、WebKit (Experimental)	Chromium、Chrome、Firefox (Experimental)	Chromium、Chrome、Edge、Firefox、WebKit、Electron (Experimental)
言語サポート	JavaScript/TypeScript	JavaScript/TypeScript	JavaScript/TypeScript、Python、Java、.NET (C#)
テスト実行	ブラウザ内実行（ブラウザと同一プロセス）	ブラウザ外実行（ブラウザと別プロセス）	ブラウザ外実行（ブラウザと別プロセス）
ブラウザの制御	ブラウザAPI経由（ブラウザの内部機能を直接利用）	CDP経由	CDP経由（FirefoxとWebKitはCDP相当の独自プロトコル経由）
テストランナー	あり	なし	あり
テストアサーション	あり	なし	あり
自動待機機能	あり	なし	あり
自動リトライ機能	あり	なし	あり
スクリーンショット機能	あり	あり	あり
画面録画機能	あり	なし	あり
タイムトラベルデバッグ機能	あり	なし	あり
複数タブ／複数ウィンドウ制御	できない	できる	できる
SaaS	Cypress Cloud	なし	Microsoft Playwright Testing

※2024年2月時点の情報をもとに作成しています。

　Puppeteerに関しては、先に述べたとおりテストフレームワークではなく、ChromeやChromiumブラウザを自動操作するためのライブラリです。このため、CypressやPlaywrightのようなテストフレームワークと比較すると、テストランナーやアサーションといったテスト関連の機能が標準で備わっていないことがわかります。

　Playwrightは、Cypressより後に開発されたこともあり、Cypressで対応できなかったいくつかの課題（例：複数言語のサポートや複数タブ／ウィンドウの制御）に対応しています。

　これらの違いは、各ツールのアーキテクチャに由来するものであり、Playwrightの詳細なアーキテクチャについては第11章で詳しく説明します。

2.3 | Web フロントエンドフレームワークと E2E テストツール

主要な Web フロントエンドフレームワークにおける各 E2E テストツールの取り扱いについて紹介します。

2.3.1　Svelte

Svelte の公式のドキュメント[注2.6]では、E2E テストツールとして Playwright と Cypress を紹介しています。

create-svelte を使用して新規の SvelteKit[注2.7] プロジェクトを作成する際には、E2E テストツールとして Playwright をセットアップするかどうかの選択肢が提供されます。

```
$ npm create svelte@latest

...
◆  Select additional options (use arrow keys/space bar)
│  □ Add ESLint for code linting
│  □ Add Prettier for code formatting
│  ■ Add Playwright for browser testing
│  □ Add Vitest for unit testing
│  □ Try the Svelte 5 preview (unstable!)
```

このことから、Svelte として Playwright を推奨する姿勢が伺えます。

2.3.2　Vue.js

Vue.js の公式のドキュメント[注2.8]では、E2E テストツールとしては Cypress を推奨しつつ、Playwright、Nightwatch、WebdriverIO など他の E2E テストツールも選択肢として紹介しています。

create-vue[注2.9] を使用して新規の Vue プロジェクトを作成する際には、Cypress、Nightwatch、

注2.6　https://svelte.dev/docs/faq#how-do-i-test-svelte-apps
注2.7　https://github.com/sveltejs/kit/。2024年2月時点での最新バージョン (v6.0.8) を使用しています。
注2.8　https://vuejs.org/guide/scaling-up/testing.html#recommendation-2
注2.9　https://github.com/vuejs/create-vue。2024年2月時点での最新バージョン (v3.9.2) を使用しています。

Playwrightの中からE2Eテストツールを選択するオプションが提供されます。

```
$ npm create vue@latest

...
? Add an End-to-End Testing Solution? › - Use arrow-keys. Return to submit.
›   No
    Cypress
    Nightwatch
    Playwright
```

2.3.3 React

Reactの公式のドキュメントでは、特定のE2Eテストツールについては言及されていません。開発者はプロジェクトの具体的なニーズや要件に応じて自由にE2Eテストツールを選択できます。

なお、ReactベースのフレームワークであるNext.jsやRemix[注2.10]のドキュメントでは、E2Eテストツールとして CypressとPlaywrightを紹介しています。

2.3.4 Angular

Angularの開発では、長年にわたってProtractor[注2.11]がE2Eテストの標準ツールとして採用されてきました。このツールは、AngularおよびAngularJSのアプリケーション向けに特化して設計され、Angularチームによるメンテナンスが行われていたため、Angularアプリケーションのテストにおいて中心的な役割を担っていました。

しかしながら、テスト技術の進化と新しいテストツールの出現に伴い、AngularチームはProtractorの役割と位置付けを見なおすことになりました。このプロセスを経て、2022年にリリースされたAngular v15において、Protractorのサポートを終了し、開発者には新しいテストフレームワークへの移行を推奨する方針が発表されました[注2.12]。

この変更に伴い、AngularチームはCypressやPlaywrightをはじめとするいくつかの代替テストフレームワークを推奨しています。

注2.10 https://remix.run/docs/en/main/other-api/testing#usage
注2.11 https://github.com/angular/protractor
注2.12 https://github.com/angular/protractor/issues/5502 (テストフレームワークについてのIssue)

2.3.5 Electron

　デスクトップアプリケーションを構築するフレームワークであるElectronは、内部的に Chromiumを組み込んでおり、E2Eテストの実行が可能です。公式のドキュメント[注2.13]では、WebDriverを使用するツールとしてWebdriverIOとSeleniumを紹介しています。また、ElectronがサポートするCDPを介してE2Eテストを行うツールとしてPlaywrightを紹介しています。

　Playwrightでは試験的 (Experimental) ですがElectronのテストをサポートしています。

2.4 まとめ

　主要なE2Eテストツール、およびWebフロントエンドフレームワークを見てきましたが、多くのフレームワークがE2Eテストに言及しています。その中でも、E2Eテストを効率的に実現するためのツールとしてPlaywrightが注目を集めていることがわかります。

注2.13　https://www.electronjs.org/docs/latest/tutorial/automated-testing

Playwrightのテスト用ツールセット（1）ロケーター

第1章ではハンズオンを通じてE2Eテストを概観しました。第2章ではどのようなE2Eツールがあるのか、またその中でのPlaywrightの立ち位置を見てきました。ここまで読んできた内容を使うことで、上司を説得するのに成功し、無事Playwrightをプロジェクトに導入できたことと思います。本章から、Playwrightの具体的な使い方を学んでいきます。まずは第3章と第4章で、Playwrightが提供する、よく利用されるテストAPIセットを見ていきます。本章では、まずそれぞれの分類について説明したあとに、要素（HTMLタグ）を特定するロケーターを紹介します。

3.1 テストツールのカテゴリ

Playwright に限らない、E2E テスト全般におけるテストツールは、大きく「ナビゲーション」「ロケーター」「アクション」「マッチャー」に分類できます。

E2E のテストコードで行うことは、ブラウザを人間が操作して行うことと一緒です。まずは Web サイトにアクセスします。これに利用するのが「ナビゲーション」で、特定の URL にアクセスします。

ページを開いたら次に画面を操作します。テキストボックスにテキストを入力する、ボタンを操作する、といったものです。この「操作」は 2 つの構成要素に分類されます。

まず使うのが「ロケーター」で、操作対象のテキストボックスやボタンなどを探し出します。英語で場所を表す言葉"Location"の動詞"Locate"には「場所を特定する」という意味があります。それを名詞化したものが"Locator"です。

その要素に対して操作をするのが「アクション」です。マウス操作やキーボード操作、ファイルの選択、ドラッグ＆ドロップなど、ブラウザ上で行える操作が該当します。

操作したあとは、画面が変化し、期待する結果になったかどうかを確認します。この確認も 2 つの構成要素に分かれます。

1 つめは操作の説明に出てきたロケーターです。2 つめは、そのロケーターで指定要素が「表示されている」「指定したテキストを含んでいる」「値を持っている」「チェックされている」といった確認をする「マッチャー」です。なお、Playwright のドキュメントでは「Assertions」となっていますが、JavaScript 界隈のテストツールではこの部分をマッチャーと呼ぶことが多く、本書でもマッチャーと呼びます[注3.1]。

これ以外にもスクリーンショットを撮ったり、通信をフックしたりと、さまざまなツールが提供されていますが、ほとんどのテストで使われる主要なツールが上記の 4 種類になります。

ここで紹介した 4 種類のツールをまとめたのが**表3.1**です。公式ドキュメントを探すときのヒントとなるように、2024 年 2 月時点の公式ドキュメント（https://playwright.dev/ の Docs ページ）における目次名と、テスト API ドキュメント検索用のクラス名も紹介しています。

注3.1 「Assertions」だと、コラム「アサーションと Playwright」で紹介している製品コードに埋め込むテストツールであったり、Act/Arrange/Assert であったりと、いくつかの文脈で同じ言葉として頻出するため、あえて別の単語を使っています。

表3.1　テストツールのカテゴリ

分類	役割	公式ドキュメントの目次	実装クラス
ナビゲーション	ページ遷移、ページ情報返却	Guides/Navigations	Page
ロケーター	ページ内の要素の特定	Guides/Locators	Page、Locator
アクション	ユーザー操作のシミュレート	Guides/Actions	Locator
マッチャー	選択された要素の状態が期待と一致しているかテスト	Guides/Assertions	LocatorAssertions、PageAssertionsなど

COLUMN

アサーションとPlaywright

　Pythonのpytestや JavaScriptの Power Assert など、アサーションをテストでも利用する場合がありますが、ソフトウェアの世界のアサーションはおもに、製品コードの中に検証コードを埋め込んでチェックを行うことを表す概念です (C言語だと assert()。Node.jsでは assert モジュールで提供されているもの)。しかし、第1章のハンズオンで見てきたように、Playwrightではそれらとは異なり、テスト対象のコードには手を加えずに、実装対象のソフトウェアとは別にテスト用のコードを作成します。そのテスト用のコードではPlaywrightが定める各種ルールに従ってテストを作成します。「Playwrightが使える」ということは「テスト用のAPIをいくつか知っていてテストコードが作成できる」ことを意味します。

3.2 | ロケーター

　ロケーターは、ページ上の要素を見つける機能です。Playwrightのおもなロケーターには下記のメソッドがあります。

- page.getByRole()
  アクセシビリティ属性によって検索

- page.getByLabel()
  関連するラベルのテキストでフォームコントロールを検索

- page.getByPlaceholder()
  プレースホルダーをもとに入力欄を検索

- page.getByText()
  テキストコンテンツで検索
- page.getByAltText()
  代替テキストによって要素（通常は画像）を検索
- page.getByTitle()
  タイトル属性によって要素を検索
- page.getByTestId()
  data-testid 属性に基づいて要素を検索

　基本的に、このリストは優先度順になっています。人間がWebサイトを操作するときに要素を認知する思考ステップをシミュレートしてみたときに、実際に利用されている方法ほど前にあります。

　本節ではこれらロケーターを紹介していきます。

3.2.1　getByRole()

　getByRole() は、アクセシビリティ属性に基づいて要素を特定し、その要素を取得します。

　アクセシビリティ属性には、ボタン、リンク、テキストボックスなどがあります。ロール（Role）とは、HTMLのタグが持つ役割を表す情報で、タグによってはデフォルトで設定されています。たとえば \<button\>タグには button というロールがついています。role 属性を与えることで上書きもできますが、タグに本来の役割の仕事をさせているのであれば、とくに指定する必要はないでしょう。

　ところで、HTMLの世界では「セマンティックHTML」[注3.2] が大切である、とよく言われます。人は Web サイトを見たときに、ボタンのような見た目で、ボタンのような操作が可能なものを「ボタンである」と判断します。ここで「ボタンのような見た目」というのは、人間が過去の視覚経験をもとに判断するものです。視覚障がい者が使うスクリーンリーダー——すべてのUI操作を音声読み上げで行うツール——を使って画面をブラウズする場合、「ボタンのような見た目」で判断することはできません。

　そこで、HTML上に「これはボタンである」という情報を明示してあげることで、スクリーンリーダーは「ログインと書かれたボタン」と識別できるようになります。こういった、スクリーンリーダーなどのソフトウェアからも意味が一意に特定でき（マシンリーダブル）、「意味をきちんと伝える HTML」が「セマンティック HTML」です。

[注3.2]　https://developer.mozilla.org/ja/docs/Glossary/Semantics。HTMLには見た目ではなく、文章やデータの構造を表現するための構成を持たせるべきという考え方。

Playwrightはスクリーンリーダー向けのHTMLのおこぼれにあずかって、テキストしか書けないメディア（テストコード）でより正確な位置情報が指定できるようにしています。これがgetByRole()の役割です。

次のようなHTMLがあったとします。

```
<div>
  <button>更新</button>
  <nav><a href="/news">最新情報</a></nav>
</div>
```

このHTMLに対し、ロールで要素を探すのが次のコードです。該当するルールの要素が1つしかない場合は2つめのパラメータは不要です。

```
test('ロール名で要素取得', async ({ page }) => {
  await page.goto('/')
  await expect(page.getByRole('link', {name: /最新情報/})).toBeVisible()
  await expect(page.getByRole('button', {name: /更新/})).toBeVisible()
})
```

ロケーターを選ぶ場合はこのメソッドを真っ先に検討すべきです。これを使うと「送信と書かれたボタン」のような、自然言語の仕様書に簡単に読み替えられるようなテストコードが書けます。

このメソッドで使えるロールについては3.4節で紹介します。

3.2.2 getByLabel()

getByLabel()は、HTMLフォームのラベルテキストに基づいて要素を特定し、取得します。ラベルは通常<input>タグに付けるので、このタグの検索に利用することが多いでしょう。

```
<div>
  <label for="searchbox">検索</label>
  <input type="search" name="searchword" id="searchbox" placeholder="検索ワード">
</div>
```

このHTMLに対し、ラベルで要素を探すのが次のコードです。

```
test('ラベル名で要素取得', async ({ page }) => {
  await page.goto('/')
  await expect(page.getByLabel(/検索/)).toBeVisible()
})
```

3.2.3　getByPlaceholder()

getByPlaceholder()は、HTML要素のplaceholder属性を持つ要素を特定し、取得します。placeholder（プレースホルダー）は、テキストボックスにまだデータが入っていない場合に表示される文字列です。

　下記は、3.2.2項のサンプルと同じHTMLに対して、プレースホルダーが'検索ワード'である要素を取得するテストです。

```
test('プレースホルダーで要素取得', async ({ page }) => {
  await page.goto('/')
  await expect(page.getByPlaceholder(/検索ワード/)).toBeVisible()
})
```

　フォーム要素にはラベルを付けるのが推奨されており、ラベルが付いているのであれば、このロケーターの代わりに前項のgetByLabel()が使えます。UIフレームワークによっては、ラベルがプレースホルダーとして使われており、HTMLタグそのものにはplaceholder属性がない場合があります[注3.3]。その場合は使えません。

3.2.4　getByText()

getByText()は、要素に含まれるテキストを取得します。また、部分文字列、完全な文字列、正規表現でマッチできます。

　下記は、pageオブジェクトに対し、テキストが'ホーム'である要素を取得して画面上に表示されていることを確認する、サンプルとテストです。

```
<div>
  <a href="/home">ホーム</a>
</div>
```

```
test('テキストで要素取得', async ({ page }) => {
  await page.goto('/')
  await expect(page.getByText(/ホーム/)).toBeVisible()
})
```

　getByRole()でもリンクのラベルから要素取得を行っていましたが、こちらはそのテキストがどのようなロールを持っているのかは気にせず、ページ内を単純に文字列検索して取得する

注**3.3**　Material Design Liteがそうでした。

点が異なります。

3.2.5 getByAltText()

getByAltText()は、HTML要素のalt属性に基づいて画像やその他の要素を特定し、取得します。alt属性はHTML内の`<img>`タグなどで使用され、画像の内容や機能をテキスト形式で説明します。

下記は、pageのオブジェクトに対してalt属性が'かわいいわんこ'である要素を取得し、その取得した要素をクリックする、サンプルとテストです。

```
<div>
  <img width="200" height="200" src="./assets/cute-dog.png" alt="かわいいわんこ" title=
"2024/02/21撮影">
</div>
```

```
test('alt属性で要素取得', async ({ page }) => {
  await page.goto('/')
  await expect(page.getByAltText(/かわいいわんこ/)).toBeVisible()
})
```

スクリーンリーダー以外の通常のブラウジングでは、このalt属性がユーザーの目に触れることはありません。アイコンのみで表現されたツールバーなど、ユーザーが画像を見て操作対象を選ぶようなケースの場合、「絵でマッチ」というのはテストコードでは表現できないため、その代替手段として(しかたなく)使うのが適切な方法と言えます。

3.2.6 getByTitle()

getByTitle()は、HTML要素のtitle属性を使用して要素を特定して取得します。3.2.5項のHTMLのサンプルにあるように、title属性は`<a>`タグや`<img>`タグといった一部のタグで利用できます。title属性の値はマウスオーバーしたときに表示されます。

title属性に馴染みがなく、前述のalt属性との使い分けに悩む人もいるでしょう。たとえば猫の画像があった場合、前述のalt属性には「三毛猫」といった情報を入れ、titleには撮影日や撮影場所といったメタ情報を入れるのが正しい使い方とされています。

下記は、3.2.5項のサンプルから同じ要素を取得するサンプルです。こちらはtitle属性で検索をかけています。

```
test('title属性で要素取得', async ({ page }) => {
  await page.goto('/')
  await expect(page.getByTitle('2024/02/21撮影')).toBeVisible()
})
```

3.2.7　getByTestId()

data- から始まるカスタムデータ属性は、HTML をコーディングする人が任意で付与しても良い属性として WHATWG でルール化されています[注3.4]。たとえば、data-testid はテスト用に要素を一意に特定するための属性として、さまざまなテストツールが採用している慣例的な属性名です。

下記は、page のオブジェクトに対して date-testid 属性が admin-menu、もしくは cache-clear である要素が画面上に表示されていることを確認するサンプルとテストです。

```
<div>
  <ul>
    <li><button data-testid="admin-menu">管理者メニュー</button></li>
    <li><button data-testid="cache-clear">キャッシュクリア</button></li>
  </ul>
</div>
```

```
test('data-testid属性で要素取得', async ({ page }) => {
  await page.goto('/')
  await expect(page.getByTestId('admin-menu')).toBeVisible()
  await expect(page.getByTestId('cache-clear')).toBeVisible()
})
```

ユーザーはブラウザを操作する際、HTML を読んで DOM 構造を理解しながら操作するわけではなく、あくまでも CSS が適用され、レンダリングされた結果のイメージを見て操作します。date-testid はタグに埋め込まれた、ソースコードを見ないとわからない情報であり、これを使ったテストは（レンダリング結果のみを見るユーザーからは隠れている）内部の状態に依存したホワイトボックステストになってしまいます。高水準のブラックボックステストであるべき E2E テストでは使うべきものではありません。Playwright や Testing Library[注3.5]では、この属性は他の方法がないときの最終手段としています。

注3.4　"HTML Living Standard 3.2.6.6"
　　　　https://html.spec.whatwg.org/multipage/dom.html#embedding-custom-non-visible-data-with-the-data-*-attributes

注3.5　さまざまなテスティングフレームワークで利用できる補助ライブラリ。Playwright のロケーターの多くは、この Testing Library の機能を取り込んだものです。
　　　　https://learn.microsoft.com/ja-jp/shows/getting-started-with-end-to-end-testing-with-playwright

　一方、Playwrightとライバルとして語られることが多いCypressではこちらを使ったタグ検索を推奨しています。そのため、この属性を積極的に推奨する技術ブログもたまに見かけますが、これには理由があります。Cypress本体では、このロケーターか、次に紹介するCSSセレクターを使ったロケーターしかないので、その2つで比べると「こちらのほうがマシ」であるにすぎないのです[注3.6]。

　Playwrightで用いるテスト用のカスタムデータ属性はデフォルトで data-testid となっていますが、設定ファイルで別のカスタムデータ属性に変更できます（リスト3.1）。

注3.6　Cypressには Playwright と同等のロケーターを提供する @testing-library/cypress というサードパーティーライブラリがあります（むしろこちらが本家です）。

COLUMN

data-testidはいつ使うべきか？

　唯一、data-testidを気兼ねなく使っても問題がないと思われるケースは、ユニットテストやコンポーネントのテストであること、かつ、これが外部に公開されたWeb APIである場合です。リスト3.Aのように、省略可能なdata-testid属性をコンポーネントに付与し、もし指定されたらコンポーネントのルートの要素にこの属性をフォワードして付与します。

リスト3.A　data-testid属性をフォワードして設定するコンポーネント

```
function Component(props: {['data-testid']?: string}) {
    return <div data-testid={props['data-testid']}>My Component</div>
}
```

　こうすれば、ユニットテストにおいては、テストコードの見える場所で宣言と利用が行われます。「どこで定義されたかわからない謎の属性」感はなくなり、コンポーネントの中を知らずとも利用方法が想像できるので、ブラックボックステストであるべき、という原則を壊さずに利用できていることがわかるでしょう（リスト3.B）。

リスト3.B　data-testidの問題ない利用例（Jest＋@testing-library/react）

```
test('loads and displays greeting', async () => {
    render(<Component data-testid="test-target" />)

    expect(screen.getByTestId('test-target')).toHaveTextContent('My Component')
})
```

　ただ、このような実装であっても、E2Eテストではなるべく使わないほうが良いでしょう。あくまで目に見える要素を使ってテストを書くべきです。

リスト3.1　カスタムデータ属性の変更（playwright.config.ts）

```
import { defineConfig } from '@playwright/test'

export default defineConfig({
    use: {
        testIdAttribute: 'data-new-test-id',
    }
```

　data-testidと似た要素として、idやclassもあります。これらはテスト用というわけではなく、別の役割も持っているため、テスト以外の動機によって変更されてしまうことがあります。data-testidの立ち位置としては、「なるべく使うべきではないがidやclassよりはまし」と覚えておきましょう。

3.2.8　その他のロケーター

　ここまで紹介してきたもの以外では、CSSセレクターやXPathを使ったロケーターもあります。

```
await page.locator('button').click()              // タグで指定
await page.locator('#reset-button').click()       // idで指定
await page.locator('.primary-button').click()     // CSSで指定
await page.locator('//button').click()            // XPathで指定
```

　前述のdata-testidを使ったセレクターと同様に、ブラックボックスであるべきタグ構造に依存したテストになってしまうため、あまり使うべきではないでしょう。本書でも詳しくは触れません。

　第8章で紹介する「コンポーネントのテスト」など、ユニットテストやインテグレーションテストで、これらを使ってDOM構造を検証したい、という方もいるでしょう。しかし、DOM構造が期待しているものかどうかは、逐一手で実装してもリファクタリングなどで壊れやすいテストになりがちです。変更を検知するだけであれば第5章「5.5　ビジュアルリグレッションテスト」で紹介するスナップショットテストを使って検証するほうが良いでしょう。

3.3 壊れにくいテスト

さまざまなロケーターを紹介しましたが、ロケーターの選択ひとつでテストの壊れやすさに大きく差が出ます。E2Eテストに限らずですが、より具体的な実装に合わせたテストというのは、テスト対象のアプリケーションのちょっとしたリファクタリングによってタグの構造や処理タイミングが多少変わっただけで、テストが失敗する可能性が高くなります。より抽象度が高く、利用者に近い目線のテストほど壊れにくくなります。

テストにおいては、細かい内部の状態ではなく入力と出力のみを扱うのが基本です。『単体テストの考え方/使い方』[注3.7]では、「ドメインエキスパートにわかるように書かれたテストが壊れにくい。そうでない場合は実装の詳細に結び付いているため、結果的に壊れやすいテストになる」と表現されています。ドメインエキスパートというのは、開発者ではなく利用者側のプロフェッショナルです。

「どこまでが内部の状態か」という議論はありますが、HTMLのタグやCSSというのは、開発者ツールから見れば中身がわかる出力ではあるものの、ほぼ内部の状態といって良いでしょう。同じビジュアルを表現するのに別のタグや別のCSSの表現が可能なケースで、ある1つの書き方に特化したロケーターというのは、リファクタリングへの耐性が弱いです。ロケーターは細かく厳密に書けば書くほど良いというものではありません。

たとえばMaterial Design LiteというCSSのUIコンポーネント集を使っていたとして、「ログインボタンには`mdl-button--raised`というCSSクラスが設定されていること」といったテストは壊れやすい典型例です。このようなテストはボタンを生成するコンポーネントのユニットテストとしては書いても良いかもしれませんが（筆者（渋川）はユニットテストでも不要だと考えますが）、かえって問題をこじらせて、本来はソフトウェアとして動作は正しいのにテストでは失敗であるという誤報が増える（偽陽性を持つ）ことになりかねません。

前述のセマンティックHTMLの情報を使ってテストを書くことは、2024年現在、E2Eフレームワークでも、JavaScriptのユニットテストでも一般的になっています。Playwrightでは標準機能としてこのセマンティックHTMLを使ってWebページの中をスキャンする方法を提供しています。

このアイデアはPlaywrightが発祥ではなく、元はTesting Libraryが実現したものです。

注3.7　Vladimir Khorikov 著, 須田智之 訳, マイナビ出版, 2022.

Testing Library は React や Vue.js、Cypress など、多くの環境向けにこれと同じようなメソッドを提供しています。かつては Playwright 向けのライブラリもありましたが、2022 年 10 月にリリースされた Playwright 1.27 でこのテスト API を取り込んだため、別途インストールする必要はなくなりました[注3.8]。

3.3.1　ラベルやプレースホルダーのみによる要素取得

「セマンティック」をどのようにテストコードとして表現するかには、いくつかのバリエーションが存在します。

getByRole() はロールまで指定するので、意味としては「『送信』と書いてあるボタンの取得」のようなものになります。ロールを書かずにラベルだけで要素を取得する getByLabel() を使うと、「『送信』と書かれた要素の取得」になります。この場合はボタンであるかどうかも気にしなくなるため、より具象度が下がって抽象度が上がります。また、テキスト入力だと getByPlaceholder() を使うことで、「『名前』または『パスワード』と書かれた要素」などと表現できます。

何を使うかは好みの問題であり、チーム内でコンセンサスが取れれば問題はありませんが、E2E テストは「シナリオのテスト」であり、情報のレベルとしてはユーザー向けのマニュアルと近しいものになるはずです。その場合、ボタン、メニュー、ラジオボタンなどのロール情報はユーザーにとっては役立つ情報であるため、省略せずに明示しても良いと筆者（渋川）は考えます。

プレースホルダーは空欄時には表示されていますが、1 文字でもテキストが入ると非表示になってしまいます。もし、テストを書くときにそれしか指定に使える要素がないのであれば、もしかしたらユーザービリティに問題があるかもしれません。検索窓のように、定常的に空欄で、確定後にリセットされるなどの要件があれば問題ないと思いますが、そうでな場合には不便です。項目編集時に「これは何の要素だったかな？」と、一度消さないと確認できない Web サイトは使いにくいでしょう。

3.3.2　適切なラベルの付け方

タグの内側のテキストが自動的にラベルとして扱われるボタン以外の要素では、ラベルを付与する必要があります。HTML ではいくつかの方法が提供されており、どの方法を使ってもブラウザには情報を伝えられます。Playwright でも getByRole() や getByLabel() で要素取得ができますが、セマンティックやユーザービリティの観点で良し悪しがあります[注3.9]。

注3.8　https://github.com/testing-library/playwright-testing-library/issues/558
注3.9　https://dequeuniversity.com/rules/axe/4.3/label-title-only

　まずは`<label>`タグを使って付与する方法です。タグのIDを指定する明示的な方法と、`<label>`タグで囲う暗示的な方法があります。暗示的な方法はスクリーンリーダーの種類によっては読み上げない要素があったりするため、明示的なラベルが望ましいでしょう。明示的に付ける場合は`<label>`の`for`属性（Reactだと`htmlFor`）と、対象の`<input>`の`id`属性を一致させます（**リスト3.2**）。

リスト3.2　`<label>`タグを使ったラベルの付け方

```
<!-- 明示的なラベル -->
<label for="fname">苗字:</label> <input type="text" name="familyname" id="fname">

<!-- 暗示的なラベル -->
<label>苗字: <input type="text" name="familyname"></label>
```

　`<label>`タグを使わない場合は、`aria-`から始まる属性を使って指示しますが、こちらを使うよりはまず、`<label>`タグの利用をまず検討すべきです。

　リスト3.3に例を示します。1つめは`<label>`と同じく画面には表示されます。2つめは通常のブラウザからは見えない代わりに、逆にスクリーンリーダーからのみ見えるという記法です。3つめの記法はMicrosoft社が提供しているテスト用WebサイトのContoso Traders[注3.10]のカートボタンで利用されている書き方です。目が見える人向けには画像で認知させ、スクリーンリーダーではラベルを提供、ということになっており、理想的な使い方でしょう。

リスト3.3　`aria-`属性を使ったラベルの付け方

```
<!-- labelタグを使わない -->
<p id="search">検索</p>
<input type="text" aria-labelledby="search">

<!-- 通常のWebブラウジングでは見えないがスクリーンリーダーからのみ認識される -->
<input type="text" aria-label="検索">

<!-- テキストのない画像ボタン -->
<button aria-label="cart"><img src="cart_icon.svg"/></button>
```

注3.10　https://github.com/microsoft/ContosoTraders

3.4 | getByRole() で指定可能なロール

本書執筆時点の Playwright のロールと、それを発生させるタグについてこれから紹介していきます。これらは Playwright のソースコードを読み解いてリストにしたものです。WAI-ARIA[注3.11] で定められ、HTML の仕様に取り込まれているロールの仕様と見比べてそれほど違和感はないので、安定しているとは思いますが、今後多少の変更はありえるでしょう[注3.12]。

3.4.1 テストで頻繁に利用するロール

たとえば、「ボタン」はボタンロールを持つ要素です。<button> タグを使うか、任意のタグに button ロールを付与することでボタンとなります。

```
# タグを使用
<button>ログイン</button>
# ロールを付与
<div role="button">ログイン</div>
```

Playwright が壊れにくいテストを実現できるのは、この「セマンティックに基づくテスト」を書ける手段が提供されているからです。たとえば、getByRole() はこの「ボタン」などを指定してテストが書けます。実際には HTML の情報に基づいているのですが、タグの構造や CSS からは少し離れて抽象度の高いコードになるため、変更に強く壊れにくくなります。

アクセシビリティの観点ではどれも間違いなく重要だと思いますが、テストでおもに利用されるのは操作を開始するためのコントロール関連です（**表3.2**）。こちらの表は今後何度も繰り返し確認することになるでしょう。

注3.11 https://www.w3.org/TR/html-aria/。スクリーンリーダー向けの情報を表現するための HTML 属性や意味を定義したもの。
注3.12 筆者（渋川）はバグを報告して実装を直してもらったことがあります。

表3.2 コントロールに関するロールとそれに対応するタグ

ロール	該当するタグ
form	`<form>`
dialog	`<dialog>`
button	`<button>`、`<input type="button">`、`<input type="image">`、`<input type="reset">`、`<input type="submit">`
checkbox	`<input type="checkbox">`
spinbutton	`<input type="number">`
radio	`<input type="radio">`
slider	`<input type="range">`
textbox	上記以外の`<input>`、`<textarea>`
combobox	`<select>`（multiple属性がついておらずsizeが1）
listbox	`<select>`（上記以外）
group	`<optgroup>`
option	`<option>`
progressbar	`<progress>`

　コントロール以外のロールはその処理の結果の表示を取得するのに利用することになります（**表3.3〜3.5**）。

表3.3 インライン要素に関するロールとそれに対応するタグ

ロール	該当するタグ
link	`<a>`、`<area>`
status	`<output>`

表3.4 リストに関するロールとそれに対応するタグ

ロール	該当するタグ
list	`<menu>`,`<ol>`,`<ul>`
listitem	`<li>`
definition	`<dd>`
group	`<details>`、`<fieldset>`
term	`<dfn>`、`<dt>`

表3.5　テーブルに関するロールとそれに対応するタグ

ロール	該当するタグ
table	`<table>`
caption	`<caption>`
rowgroup	`<tbody>`、`<tfoot>`、`<thead>`
row	`<tr>`
cell	通常の`<table>`に属しscope属性のない`<th>`、`<td>`
gridcell	roleがgrid、treegridに指定された`<table>`に属す`<th>`、`<td>`
columnheader	scope属性がcolの`<th>`
rowheader	scope属性がrowの`<th>`

　結果をリストや表にして表示する場合は`list`や`table`を使うことになるでしょう。単体の値は`<output>`タグの`status`ロールでラップし、`<label>`を付与すると`getByRole('status', {name: ラベル})`でデータアクセスができ、テストの見通しは良くなるでしょう。

3.4.2　テストでの利用頻度が低いと思われるロール

　表3.6、3.7はアクセシビリティの観点では重要であっても、テストでは限定的にしか使われないロールです。

　ブロック要素はWebサイトの構造を伝えます。Webサイトを閲覧するときはヘッダや本文に移動し、その中のコンテンツにアクセスするための足掛かりとしてこの要素を使います。しかし、「メニューの中の送信ボタン」のような指定はPlaywrightではせず、単に「送信ボタン」として扱うほうが便利なので、テストコードでドキュメント構造を意識して扱うことは基本的にないでしょう。

　ドキュメント構造そのものを検証したいこともあるかもしれませんが、たいていのコードの場合——ReactのJSXであったりVue.jsのtemplateセクションであったりというソースの違いはあっても——たいていはHTMLのテンプレートに書かれた内容がそのまま出力されているだけで、テストを書いても品質に寄与しにくい「取るに足らないコード」であることがほとんどでしょう。

　「編集モードの場合はサイドバーを表示する」などかロジックで制御されるケースでの存在チェック、あるいはページ遷移後に正しいページを表示しているかを`heading`ロールの情報を見て確認するぐらいだと思います。取るに足らないコードをテストする場合、ロールを駆使してE2Eテストを作成するのは非効率ですので、第5章「5.5　ビジュアルリグレッションテスト」で紹介するスナップショットテストで十分でしょう。

表3.6　ブロック要素に関するロールとそれに対応するタグ

ロール	該当するタグ
document	`<html>`
main	`<main>`
banner	`<header>`
contentinfo	`<footer>`
complementary	`<aside>`
navigation	`<nav>`
article	`<article>`
paragraph	`<p>`
region	`<section>`
heading	`<h1>`、`<h2>`、`<h3>`、`<h4>`、`<h5>`、`<h6>`
separator	`<hr>`
region	`<p>`
blockquote	`<blockquote>`
code	`<code>`
img	`<img>`（alt属性が設定済みかtabindex属性がある場合）、`<svg>`
presentation	`<img>`（alt属性が空かつtabindex属性がない場合）
figure	`<figure>`

表3.7　インライン要素に関するロールとそれに対応するタグ

ロール	該当するタグ
strong	`<strong>`
subscript	`<sub>`
superscript	`<sup>`
emphasis	`<em>`
insertion	`<ins>`
deletion	`<del>`
time	`<time>`
mark	`<mark>`
meter	`<meter>`
math	`<math>`

3.5 ┃ 高度なロケーター

　1ページに必ず同名のボタンが1つだけあるのであれば、前述のロケーターで十分対応できます。しかし、一覧参照画面などがあると、同じ構造の行がたくさんあり、まずはその行を選んでからボタンを選択するといった2段階のステップで要素を選択する必要があります。Playwrightのロケーターはそのような高度な使い方にも対応しています。

▌ 3.5.1　フィルター

　テーブルの行を選択するのに便利なのがフィルターです。リストの要素は残念ながら1つのロケーターでの特定はできません。次のようなHTMLがあるとします。

```
<ul>
    <li id="1">赤巻紙</li>
    <li id="2">青巻紙</li>
    <li id="3">黄巻紙</li>
</ul>
```

　リスト表示される名前はリストの要素の子要素であって、リスト要素そのものではありません。たとえば、id="2"の<li>タグを選択したいとします。その場合は次のように、基本のロケーター候補をまとめて取得したあとに、filter()メソッドを使って絞り込みを行います。

```
await page.getByRole('listitem'). // 全部の<li>を取得
    filter({hasText: /青/})         // そのうち青という文字を子要素に含むものを選別
```

　このサンプルに関していえば、getByText()を使えば一度で取得できるにはできますが、同じテキストを使った要素が多数ある場合に困る可能性があるため、ロール情報も組み合わせてより明示的に指定するという想定をしています。

　filter()の引数では以下のような条件が設定できます。

- {hasText: テキスト }
  特定のテキストを含む（テキストは文字列か正規表現）
- {hasNotText: テキスト }
  特定のテキストを含まない（テキストは文字列か正規表現）

- {has: ロケーター}
  子要素を含む
- {hasNot: ロケーター}
  子要素を含まない

テキストは正規表現にしておけば部分一致もマッチできるようになりますし（ラベルの後ろのコロンなどを無視できるため）、大文字小文字を吸収（/hello/iといった記法で実現可能）といったこともできるため、常に正規表現を使うと良いでしょう。

条件が複数ある場合には`filter()`メソッドをさらにチェーンして絞り込めます。

3.5.2　一度絞り込んだ要素の中からさらに検索

ロケーターは多重に組み合わせることでさらに子要素を取ってくることもできます。前述のフィルターは最初に取得した要素に対して取捨選択するためのしくみであり、フィルターの結果は最初のロケーターの結果のリストに含まれる要素です。その結果に対してさらにロケーターを組み合わせると、ロケーターの選択した要素の子要素を取得できます。

たとえば、次のようなネストされたリストについて考えてみます。和食にも中華にも両方「麺」があります。今日は刀削麺の気分で、後者の「麺」を選択したいと考えているものとします。

```
<ul>
    <li>和食
        <ul>
            <li><a href="/sushi">寿司</a></li>
            <li><a href="/japanese-noodle">麺</a></li>
        </ul>
    </li>
    <li>中華
        <ul>
            <li><a href="/fried-rice">炒飯</a></li>
            <li><a href="/chinese-noodle">麺</a></li>
        </ul>
    </li>
</ul>
```

その場合は、最初に`getByRole()`と`filter()`で選択し、残った要素に対して再び同じメソッドのペアを重ね掛けすることで、後者の麺と書かれたリストのみを取得できます。

```
await page.
    getByRole('listitem').filter({hasText: /中華/}).
    getByRole('listitem').filter({hasText: /麺/})
```

3.5.3　複数の要素の絞り込み

getByRole()などのロケーターは選択された要素のリストを返します。このリストは JavaScript の配列ではなく、Playwright 固有のオブジェクトです。前述のように filter() メソッドで絞り込んだり、追加のロケーターで子要素を選択したりとさまざまな機能を持っています。また、配列と似たような意味を持つオブジェクトではあるため、配列のような操作も可能です。たとえば count() で数のカウントもできますし、結果に対して「最初の要素」といった絞り込みも行えます。

たとえば、次のように複数の段落があったとします。

```
<p>最初の段落</p>
<p>2つめの段落</p>
<p>3つめの段落</p>
<p>最後の段落</p>
```

first() メソッドで最初の要素、last() メソッドで最後の要素を選んで返すこともできますし、nth() メソッドで任意の箇所の要素も返せます。リストの編集機能などがある場合に、「最後の要素が新しく追加した情報を持つ要素かどうか」といったテストを書きたい場合に活躍するでしょう。

```
await expect(page.getByRole('paragraph').first()).toHaveText(/最初/)
await expect(page.getByRole('paragraph').nth(2)).toHaveText(/3つ/)
await expect(page.getByRole('paragraph').last()).toHaveText(/最後/)
```

3.5.4　その他のロケーター

探索結果は配列のような要素となると紹介しましたが、この結果の要素に対する和集合や積集合を取る or() メソッドや and() メソッドも用意されています。

or() と and() どちらも引数にロケーターをとります。次のコードはテキストボックスもしくは、ボタンの総数を取得します。

```
await expect(page.getByRole('textbox').or(page.getByRole('button'))).toHaveCount(4)
```

and() は2つのロケーターの両方に含まれる要素を返します。ただ、どちらにしても用途がいまいちわからず、筆者（渋川）も使ったことはありません。

3.5.5 複数要素のあるリストやテーブルからの情報取得

可変長の行数を持つテーブルの場合は少々やっかいです。テーブルまでは`getByRole()`で取得できたとしても、その要素が複数ある場合、要素を特定するには多段で要素取得を行う必要があります。本章で触れた要素を使ってこれを実現しましょう。

たくさん要素があるケースでは、ロールとしては`listitme`や`row`を持つ要素が複数あるというケースが多いでしょう。Playwrightでは多段のリクエストを行って要素に対しさらに絞り込みをします。

たとえば、**リスト3.4**のように複数のTODOが並んでいるページがあったとします。

リスト3.4 複数の「完了」ボタンがあるHTML

```
<ul>
    <li>牛乳を買う  <button>完了</button></li>
    <li>パンを買う  <button>完了</button></li>
    <li>ノートを買う  <button>完了</button></li>
    <li>ポストにハガキを入れる  <button>完了</button></li>
</ul>
```

リスト要素はTODOのリストなので、同じ構造を持つリストがたくさんあります。また、そのときに登録されているTODOの数だけ表示されるため、数は可変です。そのため「3番目の要素」といった指示は壊れやすいテストになるため望ましくありません。人間が要素を探索するのと同じようなロジックを記述すべきです。

牛乳を買ったときにユーザーは、「牛乳を買う」という文字が入っている列を探し、その中のボタンをクリックするはずです。それをテストコードとして表現すると次のようになります。

```
await page
    .getByRole('listitem')
    .filter({ has: page.getByText('牛乳を買う') })
    .getByRole('button').click()
```

このように絞り込みを行っていくことで複雑な構造のWebサイトでも、該当となる要素を特定できます。また実装時には、構造が複雑になる場合でも適切なラベルやロールを使って絞り込みをかけやすくなるようなHTMLになるように心がけていく必要があるでしょう。

操作を伴うロジックの場合はこのように1つの要素まで絞ってイベントを呼ぶことになりますが、結果の確認フェーズではもう少しゆるいテストケースでも大丈夫でしょう。たとえば、「家族に花を買う」というタスクをTODOリストに登録した場合、TODOリストの項目にそのよう

な要素が追加された、と厳密に記述もできますが、ロケーターで場所を特定せずに、Webページ全体の中に新しくそのようなテキストが追加される、というテストだけでも要件は満たせるでしょう。

　少し複雑な要素の表示が期待どおりであるかは、本章で何度か名前を出しているスナップショットテストで済ます方法もあります。一度肉眼で正しくなっていると判断したら、そのときのHTMLの構成をそのまま保持しておいて、変化があったときにのみ検知される動きになり、多少壊れやすさは上がりますが、意図的な変更がない場合には十分でしょう。

3.6 ｜ まとめ

　読者のみなさんは恐らく、Playwrightを使ってテストを書く中では、本章で説明したロケーターの選択や書き方に一番時間を使って頭を悩ませることになるでしょう。

　ロケーターを使いこなせるようになり、アクションの対象や操作対象をきちんと特定できるようになることは大切です。また、ちょっとした修正で壊れないロケーターの書き方がわかれば、Playwrightを使ううえでは怖いものはなくなります。

　また、HTMLのタグの書き方やデザインによってもロケーターの書きやすさが変わってくることも説明してきました。それはユーザーからの使いやすさにもつながっていきます。テストを通じてより広い分野のエンジニアリング力をも伸ばすチャンスがここには眠っています。

Playwrightのテスト用ツールセット(2) ナビゲーション、アクション、マッチャー

||||||||||||||||||||||||||||||||

第3章ではロケーターについて説明しました。本章では、ページ遷移を司るナビゲーション、およびロケーターで指定した要素に対するアクションとマッチャーを紹介します。

4.1　ナビゲーション

ナビゲーションはURLに関連する「アクション」です。

■ 4.1.1　goto()

　一番利用するものがgoto()メソッドです。第1章のハンズオンで紹介したように、ユーザーがブラウザで該当ページを開くのに相当します。awaitを付けることで、その移動先のページのCSSやJavaScript、画像の読み込みが完了して操作が可能になるのを待ちます。

● ページ遷移

```
await page.goto('http://example.com')
```

　もしplaywright.config.tsでbaseURLを設定した場合は、ここからの相対パスで指定できます。基本的にはこのオプションを設定し、テストコードではpage.goto('/login')のように相対パスで書くほうが一般的でしょう（リスト4.1）。

リスト4.1　page.goto()で相対パスを使うための設定例(playwright.config.ts)

```
import { defineConfig, devices } from '@playwright/test'

export default defineConfig({
    use: {
        baseURL: 'http://localhost:3000',
    },
})
```

■ 4.1.2　waitForURL()

　goto()以外にも遷移にまつわるメソッドがあります。リンクのクリックや、ページ遷移を伴うボタンのクリックなどのアクションを行った場合、新しいページに遷移します。この裏ではサーバへのリクエストを行い、新しいコンテンツをロードしてきてから遷移したり、サーバへの送信が完了したあとにリダイレクトを行って遷移したりします。人間の目には検知できない間隔かもしれませんが、サーバアクセスを待つ必要があるため、テストコードからすると長い待ちが発生

します。下手をすると、結果確認のロケーターが遷移前のページにアクセスして間違った検証を行ってしまう可能性もあります。その場合に、URLが特定のものになったかどうかを待つ機能が提供されています。

● URLの遷移を待つ

```
await page.waitForURL('**/login')
```

もちろん、普段Webサイトを操作していて「URLが変わった」のを毎回目視で確認してからページ操作をすることはないでしょう。ブラウザに表示されているコンテンツの変化を確認してページが変わったことを知るはずなので、そのあとのテストに支障がなければこのナビゲーションを使う必要はありません。

4.1.3 toHaveTitle()とtoHaveURL()

画面の中のコンテンツに対するマッチャーはこのあとで紹介しますが、本節ではナビゲーションに特化したマッチャーを2つ紹介します。toHaveTitle()はその名のとおりページのタイトルに、toHaveURL()はURLに対して確認を行います。どちらも文字列と正規表現が使えます。リスト4.2のサンプルでは正規表現を使っています。

リスト4.2　ナビゲーションに特化したマッチャー

```
// タイトルを確認
await expect(page).toHaveTitle(/商品詳細/)
// URLを確認
await expect(page).toHaveURL(/.*checkout/)
```

ナビゲーションはテストコードからすると無視できない待ちが発生すると紹介しましたが、これらのマッチャーは期待した状態になるまでデフォルトで5秒間はリトライし続けます。そのため、明示的な待ちの指示や、前述のwaitForURL()で待たせる必要はありません。

ただしこちらも、人間がブラウザ操作をする場合に意識することはほとんどない項目のため、他の項目で代用できる場合はそちらを利用したほうが良いでしょう。

4.2 ┊ アクション

　ロケーターはあくまでも要素を選択するだけです。レンダリング結果をテストするだけならこれだけで良いのですが、多くのE2Eテストはユーザーテストの応答をテストする必要があるため、アクションを起こす必要があります。アクションはユーザーの操作をシミュレートするもので、ロケーターの持つメソッドを使って行います。キーボード操作やマウス操作などを、ロケーターが選択した要素に対して行います。当然のことながら、選択した要素ごとに行えるアクションは変わってきます。

　ロケーターの結果として要素が複数マッチする可能性がありますが、アクションを実行する場合には1つだけの要素にマッチさせる必要があります。

4.2.1　アクション可能性

　アクションは実際のWebの操作と近くなるようにPlaywrightが面倒を見てくれます。広告の閉じるボタンが小さく、クリックできずにイライラした経験がある方は多いと思いますが、「小さくてサイズがゼロの要素」や「`display: none`が設定されている要素」は表示されているとはみなされず、その要素に対するアクションは実行されません。`disabled`が設定された要素も操作できません。また、テキスト入力を受け付ける要素では editable[注4.1] が設定されている必要があります。マウス操作の場合は、他の要素がオーバーレイしていて隠されていると操作を受け付けません。なお、マウス操作に関しては `{force: true}` というオプションを付与することでこのチェックをバイパスさせることが可能になっています。

4.2.2　キーボード操作：fill()/clear()/press()/pressSequentially()

　ロケーターがテキストボックスだった場合に使えるのがテキスト入力です。`fill()`メソッドを使って入力します。また、`clear()`メソッドでフォームを空にできます。

```
await page.getByRole('textbox', {name: /username/i}).fill('Peter Parker')
await page.getByPlaceholder(/password/).fill('I am Spiderman')
await page.getByRole('textbox', {name: /organization/i}).clear()
```

注4.1　input要素にはデフォルトでついています。contenteditable属性で任意の要素に設定もできます。

　同じ要素に対して`fill()`を複数回呼ぶと、最後に呼び出した結果が残ります。`fill()`は一度クリアしてから、指定されたテキストを入力する動きをします。

　これ以外の要素も含め、より低レイヤのテキスト操作を行いたい場合は、`press()`メソッドで個別のキーを指定したり、`pressSequentially()`メソッドで指定された文字列を1文字ずつ入力させたりすることができます。

　`press()`はショートカットキーのエミュレーションに使えます。

```
// Enterキー
await page.getByRole('textbox').press("Enter")

// Control + Aキー
await page.getByRole('textbox').press("Control+KeyA")
```

　`pressSequentially()`は連続入力であるため、`fill()`に近い呼び出しになります。

```
await page.getByRole('textbox').pressSequentially('hello')
```

4.2.3　チェックボックスやラジオボタンの操作：check()/uncheck()

　ロケーターが指示している先がチェックボックスやラジオボックスの場合は`check()`メソッドを使って選択、`uncheck()`で解除できます。

```
await page.getByRole("checkbox", {name: /読みました/}).check()
await page.getByRole("checkbox", {name: /読みました/}).uncheck()
```

4.2.4　セレクトボックスの選択：selectOption()

　1つしか項目を選択できない`<select>`要素（`combobox`ロール）に対しては、`selectOption()`メソッドを使って選択します。選択肢は値でもラベルでも指定できます。

```
await page.getByRole("combobox", {name: /ペット/}).selectOption("ハムスター")
```

　`multiple`属性がついた`<select>`要素（`listbox`ロール）に対しても同じメソッドを使いますが、配列で指定することで複数項目の選択が行えます。

　1つしか選べない`<select>`に対して配列を与えてもエラーにはなりませんが、先頭の要素以外は無視されるので注意してください。

```
await page.getByRole("listbox", {name: /飲み物/}).selectOption(["コーヒー", "ルートビア"])
```

4.2.5　マウス操作：click()/dblclick()/hover()/dragTo()

マウス操作のアクションも提供されています。

- click()メソッド（シングルクリック）
- dblclick()メソッド（ダブルクリック）
- hover()メソッド（マウスホバー）
- dragTo(ロケーター)メソッド（ドラッグ＆ドロップ）

クリックやダブルクリックにはオプションがいくつかあります。

- {force: true}でタグの可視性チェックをスキップして強制的にイベント発動
- {button: "right"}や{button: "middle"}を指定することで、右クリックや中ボタンクリックイベントを発行（デフォルトは{button: "left"}）
- {modifiers: ["Control"]}という形式で、装飾キーを押しながらクリックするイベントを発行。装飾キーには"Shift"、"Alt"、"Meta"（macOSだと ⌘ キー）が設定可能。配列に複数文字列を設定することで同時押しも設定可能

　より細かい操作を行うmouse.hover()、mouse.move()、mouse.up()、mouse.down()メソッドもあります。これらを使うとマウスの座標を指定して操作できます。これらプリミティブな要素でも、ドラッグ＆ドロップを再現できます。基本メソッドでは条件に満たないシチュエーションでの脱出ハッチとして利用できます。

- x:100、y:100の地点からx:300、y:100の地点までドラッグ＆ドロップ

```
await page.mouse.move(100, 100)
await page.mouse.down()
await page.mouse.move(300, 100)
await page.mouse.up()
```

　もしかすると、キャンバスを使って実装されたゲームの操作のシミュレートには活用できるかもしれませんが、通常これらのメソッドは不要でしょう。座標を指定してテストを記述すると、テストがより壊れやすくなり修正も難しくなります。クリック可能エリアを何かしらの方法で識別可能にするなど、そもそもアプリをテストしやすい構造にすることを検討したほうが良いでしょう。細かいジェスチャーでの操作を提供する場合も、単純なクリックで同じ操作ができるようにしておくことなどを検討しましょう。またスマートフォンでの閲覧時には、マウスオーバーやドラッ

グ＆ドロップを前提として構築された画面は非常に利用しづらい画面になる点も注意が必要です。本書では詳しく説明しないため、詳細は公式ドキュメントを参照してください。

4.2.6　フォーカス：focus()

　フォーカス移動はfocus()メソッドで行います。単純な文字数のチェックなどではなく、データベースへのアクセスが必要な重い入力情報のバリデーションが必要な場合、blurイベントでフォーカスが外れたときにそれを行うことがよく行われます。この場合は、入力フォームに一度フォーカスして、他の要素にフォーカスすることでblurイベントを起こすことができます。このメソッドを使うことで、このようなロジックのテストも作成できます。

```
await page.getByRole('textbox', {name: /名前/}).focus()
```

4.2.7　ファイルのアップロード：setInputFiles()

　<input type="file">要素に対してファイルを指定するときは、setInputFiles()メソッドを利用します。引数は配列も受け取れるので、複数ファイルを設定できます。空配列でリセットになります。

```
// 1ファイルを選択
await page.getByLabel('Upload file').setInputFiles(path.join(__dirname, 'myfile.pdf'))

// メモリ上でファイルを作成
await page.getByLabel('Upload file').setInputFiles({
    name: 'file.txt',
    mimeType: 'text/plain',
    buffer: Buffer.from('this is test')
})
```

　なお、__dirnameはES6 Modules形式のJavaScriptコードだと利用できません。もし、「ReferenceError: __dirname is not defined」というエラーが出る場合は次の4行をファイルの先頭に追加してください。

```
import { join, dirname } from "node:path"
import { fileURLToPath } from "node:url"
const __filename = fileURLToPath(import.meta.url)
const __dirname = dirname(__filename)
```

4.3 ┆ マッチャー

　操作を行ったあとに、画面が期待した結果に変化したかを観察するのがマッチャーです。特定の要素ではなく、ページのURLなど、ページ全体に関わるものはすでにナビゲーションの項目で触れましたが、本節ではDOMの要素に対して用いるマッチャーを紹介します。実際にはこの数倍ありますが、よく使いそうなものに絞って紹介します。

- `await expect(locator).toContainText()`
- `await expect(locator).toHaveText()`
- `await expect(locator).toBeVisible()`
- `await expect(locator).toBeAttached()`
- `await expect(locator).not`
- `await expect(locator).toBeChecked()`
- `await expect(locator).toBeDisabled()`
- `await expect(locator).toBeEnabled()`
- `await expect(locator).toBeEmpty()`
- `await expect(locator).toBeHidden()`
- `await expect(locator).toBeFocused()`
- `await expect(locator).toHaveCount()`
- `await expect(locator).toHaveValue()`
- `await expect(locator).toHaveValues()`

　今までのロケーターやアクションはすべてpage、もしくはpageの持つロケーターメソッドが返すLocatorオブジェクトのメソッドでしたが、マッチャーは検査したいロケーターを、生成関数のexpect()に渡して取得します。マッチャーのメソッドは、このexpect()が返すオブジェクトのメソッドです。

　ロケーターの結果の取得にはawaitを付けていましたが、マッチャーを利用する場合は、引数のロケーターにはawaitを付けずに、マッチャーの実行結果に1つだけawaitを付与すれば正しく動くようになっています。もちろん、ロケーターのほうにawaitを重複して付与しても問題はありません。

4.3.1 toContainText()/toHaveText()/toBeVisible()/toBeAttached()

多くのテストは、「フォームに入力して、ボタン送信したら、期待した結果が表示される」という構成を取るケースがほとんどかと思います。アクションの部分はあるいはリンクの操作かもしれませんが、最終的にはなんらかの最終結果が表示されることを確認するでしょう。その場合に使うマッチャーがtoContainText()とtoHaveText()とtoBeVisible()、そしてtoBeAttached()です。

たとえば、実行結果ページが次のHTMLを含むとします。

```
<h1>Success</h1>
```

これに対しては次のどの書き方を書いても正しく判定できます。

```
await expect(page.getByRole('heading')).toContainText(/Success/)
await expect(page.getByRole('heading')).toHaveText(/Success/)
await expect(page.getByRole('heading', {name: /Success/})).toBeVisible()
await expect(page.getByRole('heading')).toBeAttached()
```

それぞれ次の意味となります。コードを日本語で表現しても、どれも成立しそうなことがおわかりでしょう。

- このページの見出しには「Success」のテキストが含まれる
- このページの見出しには「Success」のテキストを持っている
- このページには「Success」という見出しがある
- このページには見出しがある

実際、このどの書き方も正解ですが、テストコードの一貫性を保つために、この中のどの書き方を採用するかはチームで規約を決めておくと良いでしょう。

ただし、もしもタグのテキストが空の場合、上から2つはマッチしないため利用できません。また、toBeVisible()もテキストを含まない場合は「見えない」と判断されます。toBeAttached()はタグが存在していればパスします。

toContainText()とtoHaveText()は実質的に大きな差はありません。ただ、タグの中に別のテキスト（絵文字なども含む）が入っている場合かつ、マッチャーの条件を正規表現ではなく固定文字列で入れていると、後者は別の文字列としてエラーになります。正規表現で書いている場合にはどちらも結果は同じになります。

もし、複数の要素にマッチしているロケーターの場合は、配列でマッチした要素ごとの期待値を一度に指定できます。次のようなタグがあったとします。

```
<ul>
    <li>とちおとめ</li>
    <li>あまおう</li>
    <li>紅ほっぺ</li>
</ul>
```

このタグに関しては次のようなマッチャーが利用できます。

```
await expect(page.getByRole('listitem')).toHaveText(['とちおとめ', 'あまおう', '紅ほっぺ'])
```

4.3.2　not

expectとマッチャーの間にnotを付けると否定の意味になります。マッチャーには否定の意味のメソッドを持つものも一部あります（toBeEnabled()とtoBeDisabled()、toBeVisible()とtoBeHidden()）が、そうでないマッチャーが必要な場合はnotを利用しましょう。

● notを利用

```
// Successと書かれた見出しが存在しないことを確認
await expect(page.getByRole('heading')).not.toContainText(/Success/)
```

4.3.3　toBeChecked()

チェックボックスにチェックが入っていることを確認します。

```
// チェックを入れるアクション
await page.getByRole("checkbox", {name: /18歳以上です/}).check()
// 確認
await expect(page.getByRole("checkbox", {name: /18歳以上です/})).toBeChecked()
```

4.3.4　toBeDisabled()とtoBeEnabled()

ロケーターが指定する要素が利用できるかできないかを確認します。`<button>`や`<input>`などのフォーム要素ではdisable属性を使って非活性化ができます。

```
<button disabled>送信</button>
<button>リセット</button>
```

toBeDisabled()はこれが設定されているかどうかの判定が行えます。toBeEnabled()はその逆になります。

```
await expect(page.getByRole("button", {name: /送信/})).toBeDisabled()
await expect(page.getByRole("button", {name: /リセット/})).toBeEnabled()
```

4.3.5　toBeEmpty()とtoBeHidden()

これらのマッチャーは以下のように要素が空の場合にマッチします。

```
<li></li>
```

次のコードはどちらでもマッチします。

```
await expect(page.getByRole("listitem")).toBeEmpty()
await expect(page.getByRole("listitem")).toBeHidden()
```

この2つのマッチャーの違いは「存在しない要素」をロケーターが指示した場合の挙動です。<li>タグが存在しない場合、toBeHidden()は正しいとみなしますが、toBeEmpty()はタグが存在しない場合はエラーになります（.not.toBeEmpty()もエラーになります）。toBeHidden()は中のテキストが空で大きさがゼロの要素や、display: none、visibility: hiddenの要素も「見えない」と判断する（エラーとならない）ため、より柔軟にマッチします（表4.1）。

表4.1　toBeEmpty()とtoBeHidden()の違い

	テキストが空	タグが存在しない	テキストは空ではないが display: none	テキストは空ではないが visibility: hidden
.toBeEmpty()	OK	エラー	エラー	エラー
.toBeHidden()	OK	OK	OK	OK
.not.toBeEmpty()	エラー	エラー	OK	OK
.not.toBeHidden()	エラー	エラー	エラー	エラー

4.3.6　toBeFocused()

toBeFocused()はタグにフォーカスが当たっていることを確認します。

```
// フォーカスを当てるアクション
await page.getByRole("button").focus()
// 確認
await expect(page.getByRole("button")).toBeFocused()
```

4.3.7 toHaveCount()

toHaveCount() はロケーターが指すノードの数が、指定された個数分あることを確認します。
0 の場合は存在しないことをテストします。

```
await expect(page.getByRole("listitem")).toHaveCount(7)
```

4.3.8 toHaveValue() と toHaveValues()

toHaveValue() は <input> や <textarea> のフォーム要素が持つ値を確認します。以下は
フォームのサンプルとそれに対するテストです。

```html
<label for="email">E-Mail</label>
<input type="email" id="email" name="email" required/>
```

```
// フォームに入力するアクション
await page.getByRole("textbox", {name: /E-Mail/}).fill("sample@example.com")
// 確認
await expect(page.getByRole("textbox", {name: /E-Mail/})).toHaveValue("sample@example.com")
```

toHaveValues() は文字列や正規表現の配列を引数に取ります。以下のサンプルとテストでは、
複数選択可能な <select multiple> の選択結果が期待どおりかどうかの確認を行っています。

```html
<label for="drink-select">好きな飲み物</label>
<select name="drinks" id="drink-select" size={4} multiple>
    <option value="coffee">コーヒー</option>
    <option value="tea">紅茶</option>
    <option value="green-tea">抹茶</option>
    <option value="root-beer">ルートビア</option>
</select>
```

```
// 項目を複数選択するアクション
await page.getByRole("listbox", {name: /飲み物/}).selectOption(["紅茶", "抹茶"])
// 確認
await expect(page.getByRole("listbox", {name: /飲み物/})).toHaveValues(["紅茶", "抹茶"])
```

4.3.9 その他のマッチャー

本書では（Playwright の公式ドキュメントでも）、E2E テストはなるべく抽象度高く記述し、実
装の詳細には触れないようにしましょう、ということを繰り返しお伝えしています。しかし、ユニッ

トテスト的なコンポーネントのテストもPlaywrightで行いたい場合などには、より実装詳細に近いDOM構造をテストできるほうが便利でしょう。

Playwrightは次のようなマッチャーを用意しており、より詳細なDOMの構造確認が行えます。本書では詳しく説明しません。

- toHaveClass()
- toHaveCSS()
- toHaveId()
- toHaveJSProperty()
- toHaveAttribute()

4.4 リトライの挙動

Playwrightのテストではたまに、わかりにくい挙動が起こることがあります。Playwrightのリトライの動きを理解することで、その落とし穴に気づきやすくなります。

4.4.1 リトライのタイムアウト

Playwrightのマッチャーやアクションは、その条件に合う要素が出てくるまで自動でリトライします。デフォルトでは5秒間 (5,000ミリ秒) 待ちます。長いシナリオでサーバアクセスが何度も発生する場合や処理が長いサーバのレスポンスを待つ場合などに、この制限時間を超えてしまうことがあります。

マッチャーやアクションはどれもオプションにtimeoutキーを付与することでタイムアウトを個別で設定できます。

```
await page.goto('/start')
await page.getByText('開始').click({ timeout: 10000 }) // 10秒待つ
```

もし、一部のテストが遅くてタイムアウトしてしまう場合は、テストケースごとにタイムアウトを設定できます。slow()メソッドを呼ぶと、そのテストのタイムアウトが3倍になります。もしも3倍で済まない場合には、.settimeout()メソッドを呼ぶと、任意の時間を設定できます。

```
import { test, expect } from '@playwright/test'

test('遅いテスト', async ({ page }) => {
    test.slow() // タイムアウト時間を3倍にする
    (…略…)
})

test('3倍じゃ足りない遅いテスト', async ({ page }) => {
    test.setTimeout(120000)
    (…略…)
})
```

　あまり変更する必要はありませんが、設定を変更することで、すべてのテストのタイムアウトを一律で変更できます（**リスト4.3**）。

リスト4.3　すべてのテストのタイムアウトを変更(playwright.config.ts)

```
import { defineConfig } from '@playwright/test'

export default defineConfig({
    expect: { timeout: 10 * 000 },     // マッチャーのタイムアウト
    timeout: 60 * 1000,                // 1つのテスト実行自体のタイムアウト
    globalTimeout: 60 * 60 * 1000,     // テスト全体のタイムアウト
    use: {
        actionTimeout: 10 * 1000,      // アクションのタイムアウト
        navigationTimeout: 30 * 1000,  // ナビゲーションのタイムアウト
    },
})
```

　ただし、タイムアウトを安易に延ばすとテストの結果が出るまでの時間も延びたりしますので、なるべく設定は変えないほうが良いでしょう。

　たとえば、「要素が消えているはずだ」というテストを書いていたとして、要素が消えないバグがあった場合を考えてみましょう。要素が存在しているために即座にエラーになる、ということはなく、消えるまで自動でリトライし続けます。たとえばアプリケーションが、サーバに削除依頼を投げて成功してから画面を消すという動きの場合、アクションを実行してから消えるまでは時間がかかります。自動でリトライすることで、この多少の遅延を吸収するしくみになっています。

　Reactのテストヘルパーのact()[注4.2]は、裏で動いているタスクが終わったかどうかをフレームワークに問い合わせて待つため、無駄な待ちが発生しないようになっていますが、E2Eテストはブラックボックステストなので、内部状態を監視したりはしません。そのため、バグなのか単に遅いのかの判別ができず、待ち続けることになります。

注4.2　https://legacy.reactjs.org/docs/test-utils.html#act

4

　自動リトライがあるおかげで、テストの中で自分で待ち処理を入れる必要がなく、テストコードをシンプルに書けるメリットはありますが、代わりにデメリットとして「失敗と遅延の区別がつかない」ということがあります。

　とはいえ、一般ユーザーも同じ気持ちでシステムを触ることになります。アプリ側では、操作中はボタンを非活性化させたり、ローディングのアイコンを出したりなどしてシステムが裏で仕事していることを見える化し、テスト側でもアプリ側に加えたフィードバックを確認し、その裏の仕事が終わったかどうか、終わったあとで望む結果になったか、とステップを分けることでわかりやすくなるでしょう。

4.4.2　固定時間を待つコードはやめよう

　Playwright では page.waitForTimeout(ミリ秒) で固定時間を待ちます。これは通信を行って、その結果が終わったら結果が更新されるのを待つといった用途に使われがちです。しかし、固定時間を待つテストはフレーキーなテストになりがちです。

　第2章でも少し紹介しましたが、フレーキーというのは、サーバ側のレスポンスの応答速度の変動など、安定しない挙動の影響で正しく通ったり、失敗したり、ランダムに見えたりする挙動を持つことを意味します。それを避けるために、安全側に倒して長めに待ちを入れると、テストの実行時間がどんどん延びてしまいます。固定時間を待つコードはやめるべきです。

　Playwright のマッチャーは、その状態になるまでタイムアウト時間の範囲で自動リトライを行います。サーバの結果を待って画面の表データを更新するケースでは、通信の直後に表の存在チェックのマッチャーを書けば、通信が完了して表が作成されるまで自動で待ってくれるため、本来待つ必要はありません。固定時間のウェイトを入れたくなるのは2回目の送信での更新です。表の存在チェック時点ではすでに表があるため、表の作成を待つことが通信を待つことにはならず、その先のチェックで古い値を参照してテストが失敗してしまうということがあります。

　またはページ遷移の場合に、新しいページにある要素の存在をもとにページが変わったかを確認するようなコードを書いている場合に、たまたま元のページにも同じ要素があるとテストは失敗してしまい、ページ遷移完了を待つために固定時間のウェイトを入れたくなります。

　このタイミング問題を図示すると**図4.1**のようになります。

図4.1　リトライが効かないケース

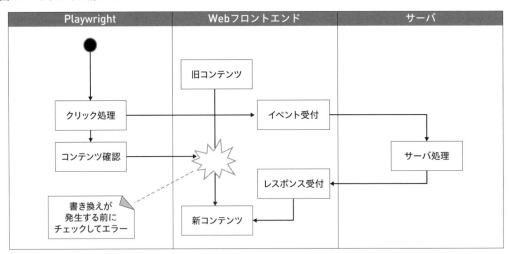

　イベント処理が完了するまでの間にチェックが行われます。その該当要素が完全に存在しないのであればリトライが行われますが、データが存在していて、なおかつ期待していない内容、という状況になって失敗します。

　こういった場合に、特定のイベントが完了するまで効率よく待つためのメソッドが用意されています。上記の事例で挙げたようなケースでとくに使われそうなのはwaitForResponse()とwaitForURL()の2つでしょう。

```
// 特定のAPIが呼ばれて帰ってくるまで待つ
const responsePromise = page.waitForResponse('https://example.com/resource')
await page.getByText('trigger response').click()
const response = await responsePromise

// URLが特定のページになるまで待つ
await page.waitForURL('**/login')
```

特定のイベントを待つメソッドには、これら以外にもいくつか選択肢があります。

- waitForLoadState()
  DOMページのロードイベントを待つ（デフォルトはloadで、domcontentloadedも指定可能）
- waitForRequest()
  リクエスト開始を待つ

特定イベントによらない、汎用的なメソッドは以下のとおりです。

- waitForFunction()
  渡された関数がtrueを返すのを待つ
- waitForEvent()
  イベント^{注4.3}を待つ。ダイアログ、ダウンロード、ファイル選択など多岐にわたるイベントが指定できる（waitForRequest()はこれのラッパー）

これらを使うことで、指定の状態になったら即座に次の行が実行されるため、テストの処理時間が延びることは減りますし、壊れにくいテストになります。

これらの方法を使わない方法として、前述した、ボタンを押したときにローディングインジケーターを表示し、それが消えるのを待つという方法もあります。1秒未満のすばやい動作であれば、下手にローディングインジケーターを出すとちかちかしてうるさい見た目になりますが、もしサーバの動作待ちなどが秒単位でかかるのであれば、ユーザーに適切にシステムの動きを伝えることになるため、ユーザーへのフィードバックの面でも望ましいでしょう。

4.5 まとめ

テストの実装で必須となるナビゲーション、アクション、マッチャーの紹介をしてきました。前章のロケーターと合わせて今後一番、本書を読み返したり公式ドキュメントを確認したりする要素になるでしょう。

ロケーターも含め、リファレンスを見ると数が多くあるため、最初は面食らうかもしれませんが、実際にテストコードを書いてみると、テストコードの9割を占めているのが全体の1割程度のメソッドのみ、となるはずです。はじめは難しそうに感じるかもしれませんが、Playwrightを少し学習することですぐに成果が出せるようになります。ぜひ、前章と本章を読みながら手を動かしてみてください。

注4.3　https://playwright.dev/docs/api/class-page#events

第 **5** 章

テストコードの
組み立て方

前章までで、テストを組み立てるためのネジやクギといった部品となる、ナビゲーター、ロケーター、アクション、マッチャーの紹介をしてきました。次の段階ではそれらを使い、テストケースを組み立てていきます。本章ではそのためのツールである test() 関数やその関連メソッドを紹介するとともに、どのような単位でテストをまとめていくのかといったトピックを取り上げます。

5.1 何をテストとするか?

　Playwrightを使ったE2Eテストは、自動テストの中では一番レイヤが高いものです。ユーザーの目線でいくつかの手順を実行し、ある程度の機能の塊を検証するフェーズが主戦場になります。そのため、ユーザー目線の操作シナリオを重視するスクラムの場合は、スプリントバックログに記述された機能がテストケースの候補となります。

　たとえば、社内システムにおける検索フォームの場合、以下のような手順をテストすることになります。

1. ログイン
2. 検索フォームのあるページへの移動
3. フォームを埋める
4. 検索ボタンを押す
5. 検索結果が表示される

　ユニットテストでは、なるべく小さい、独立した単位でのテストを書きます。これらのステップは、ユニットテストではおそらくそれぞれ独立したテストケースになるでしょう。異常系のテストも加えて、分岐網羅率を上げるテストを行うことになります。一方E2Eテストの場合は、1つのテストケースでこれら一連の流れを表現することになります。

5.1.1　テストの分類とPlaywrightができること

　まえがきでは本書のE2Eテストの定義について「ユーザーの視点でWebシステムの動作を確認する自動テスト」であると説明しました。これから話を進めていくうえで、他のテストとの役割分担や、Playwrightで行えることなどを整理していきます。

　ソフトウェアのテストなどでは「テスト・ピラミッド」と呼ばれる分類がよく登場します[注5.1]。上段のテストほどケース数は少ないが信頼性への寄与が大きく、処理時間がかかる。下段のテストほどケース数が増えるが決定性が高く、高速というものです。決定性というのは、何度実行しても安定して同じ結果が得られる可能性の高さを意味します。

注5.1　Web連載：サバンナ便り〜ソフトウェア開発の荒野を生き抜く〜「第5回　テストピラミッド」https://gihyo.jp/dev/serial/01/savanna-letter/0005 (図5.1もこちらを参考に作図)

本書はWebのE2Eテスト、つまり最上段をメインとして扱っています。Playwright自体は、E2Eテストに限らず、他のレイヤのテストを行う機能も持っています(**図5.1**)。

図5.1 テストのレイヤーとPlaywrightが行えること

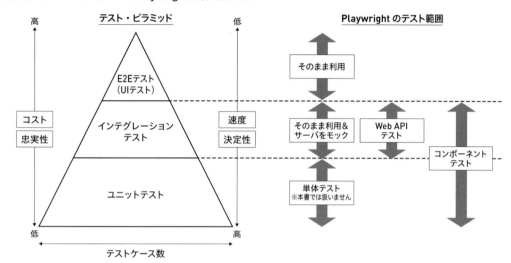

たとえば、Webの通信をすべてモックしてWebフロントエンドのレイヤのみをテストすることも可能です。これもWebフロントエンドのインテグレーション(統合)テストとなります。第6章「6.3 ネットワークの監視とハンドリング」で説明する機能を使えば実現可能です。

Web APIテストはUIテストよりはレイヤの低いテストですが、これもバックエンドに対するインテグレーションテストと言えます。これについては第9章「Web APIのテスト」で取り扱います。

近年のモダンなWebフロントエンドのフレームワークは、「コンポーネント」という単位で部品を作り、Web画面を作り上げていきます。シンプルなビューだけのコンポーネントもあれば、サーバ通信を行ったり状態管理を行ったりする複雑なコンポーネントもあり、コンポーネント単体に対するテストの位置づけとしてはユニットテストとインテグレーションテストの間ほどになります。まだ実験的な機能ですが、Playwrightにはコンポーネントのみを独立してテストする機能もあります。React、Vue.js、Svelte、Solidに対応しています。

Playwrightでは一般的なユニットテストを書けるようなマッチャーも、テストAPIとして持っています[注5.2]。これはコンポーネントに対するテストなどに使えますし、やろうと思えばユニットテストも作成できますが、JestやVitestなどのユニットテスト専用のテスティングフレームワー

注5.2 https://playwright.dev/docs/api/class-genericassertions

クのほうが扱いやすいでしょう。

　E2Eテスト以外の手法も、本節で触れたように、本書の中でいくつかは取り上げますが、本章では基本的にE2Eテストの目線で説明を進めていきます。また、E2Eテストにおけるテスト技法や考え方についても第7章「ソフトウェアテストに向き合う心構え」で触れていきますが、プロジェクトのテストの最適構造を追求していくにあたっては、このような役割の違いを意識すると良いでしょう。

　いずれにせよ、単に「Playwrightを使ってるからE2Eテストは完璧」ということはなく、実装しているテストの特性がどのレイヤに当たるコードなのか、また、少ないテストケースや実行時間で効率よく網羅できているかをしっかりと考えることが大切です。

5.1.2　テストのボリュームのパターン

　テストケースのボリュームの比重がどうあるべきかについてはいくつかの説があります。ピラミッド型が良いというのはやや伝統的な考え方です。サーバサイドのプログラムがメインで、状態を持たないのが良しとされる小さい関数で組み立てるケースでは、ピラミッド型が良しとされています。

　一方で、Testing Libraryの開発者のKent C. Doddsが提唱しているのが、テスティングトロフィーという考え方です[注5.3]（図5.2）。

図5.2　テスティングトロフィー

E2Eテスト
完全自動化されたE2Eテスト（モックは最小限）

インテグレーションテスト
サーバ通信をモック化した画面コンポーネントのテスト

Trophy

ユニットテスト
より下位の個々の部品のテスト（画面のコンポーネント、
あるいは画面と関係のない純粋なロジックのテスト）

静的チェック
TypeScriptの型チェックや、ESLintなどのLinterで行うチェック

注5.3　https://kentcdodds.com/blog/the-testing-trophy-and-testing-classifications（図5.2もこちらを参考に作図）

テスティングトロフィーの考えによって作られたTesting Libraryは広く現場に受け入れられており、Webフロントエンドのユニットテストを作成する場合は、自然とこのようなボリュームになっていきます。

実際にテストのバランスがどの形になるかは、利用するフレームワークにも強く依存します。

Reactの場合は、サーバ通信も宣言的に行います。**リスト5.1**はSWRというライブラリを使ったページのサンプルです。

リスト5.1　Reactでよくあるサーバの情報を表示するコード

```
import useSWR from 'swr'

const fetcher = async (url) => {
  const res = await fetch(url)
  return await res.json()
}

// チケットリスト
export function TicketList({id}) {
  const { data, error } = useSWR('/api/ticket/${id}', fetcher)
  if (error) return <div>エラー</div>
  if (!data) return <div>ロード中...</div>
  return (
    <div>
      <h1>チケットリスト</h1>
      <div>チケット: {data.title}</div>
      <div>状態: {data.status}</div>
    </div>
  )
}
```

「サーバにアクセスする」「結果を保存する」「結果を表示する」といったアクションがなく、サーバからのレスポンスの状態により、ロード中と表示させたり結果を表示したりするコードのみが書かれており、サーバからのレスポンスを待って状態を変化させるところはライブラリに隠蔽化されています。このように実装されたReactアプリでは、状態を変化させるような関数に分割してユニットテストを行うことはできません。サーバをモック化してレスポンスを変化させるインテグレーションテストでしか画面のテストは不可能です。

一方で、他のフレームワークを使って同じようなコンポーネントを実装すると、コンポーネントがロードされたときに呼ばれるライフサイクルメソッド内でサーバアクセスを実行し、結果を格納して表示するというように、コードとして時系列の動きが表現されることになります。それらのステップを分割していけばユニットテスト化できます。

このような宣言的ではないフレームワークのテストを丁寧に書いていけばテストピラミッド型

に近づいてきます。フレームワークの特性に合わせて、どのようなテストを実装すると効率よく品質を上げていけるのかを、開発者が責任を持って決める必要があります。

　よくないバランスのパターンとしては、アイスクリームコーン型があります（**図5.3**）。これは手動テストが多くユニットテストが少ないという、逆ピラミッド形です。

図5.3　アイスクリームコーン型

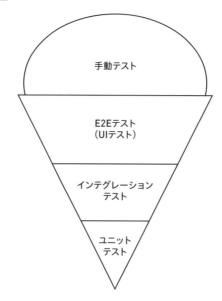

　本書は自動E2Eテストを題材とした書籍ということもあり、E2Eテストを数多く実装して読者のみなさんにメリットを感じてもらいたいところですが、ユニットテストでやるべきテストまでPlaywrightで実装してしまうと実行時間が大幅に延び、コード修正から結果のフィードバックを得るためのリードタイムも長くなってしまい、開発者体験が悪化します。

　第10章「10.1　どのテストから書き始めるか」では、手動テストしかないケースではE2Eテストから実装してみることをお勧めしていますが、これはあくまでも自動テストがいっさいない、アイスクリームコーン型よりもさらに悪い状況における最初の一歩の話です（次節でもこういった状況の次善策を紹介しています）。最終的にはテストトロフィーやテストピラミッドなど、利用しているフレームワークに合わせたバランスになるように心がけてください。

5.1.3　最初の一歩：一筆書き

　E2Eテストは、ユニットテストよりもテストケースが大きくなることを紹介しました。異常系（た

とえばバリデーション) のテストに関しては分けることもできますが、場合分けのない「一筆書き」で表現できるのであれば、このシナリオに入れてしまうことも可能です。5.1 節で例に出した社内システムにおける検索フォームでは次のようになります。

1. ログイン
    1-1. ユーザーID だけ入れる
    1-2. まだログインボタンが有効でないことを確認する
    1-3. パスワードを入れる
    1-4. ログインボタンが有効であることを確認する
    1-5. ログインボタンを押す
2. 検索フォームのあるページへ移動する
3. フォームを埋める
    3-1. フォームが空の場合に検索ボタンが有効でないことを確認する
    3-2. 電話番号のフォームに明らかに有効でない番号 (先頭がゼロでない) などを入れる
    3-3. 検索ボタンを押下してバリデーションエラーが表示されることを確認する
    3-4. 正しい電話番号を入れる
    3-5. 検索ボタンが有効であることを確認する
4. 検索ボタンを押す
5. 検索結果が表示される

このような一筆書きには次のようなメリットとデメリットがあります。

[メリット]
- ログインやページ遷移などフォームにたどり着くまでの時間が長い場合、同じテストケースでやり切ってしまったほうが実行時間は節約できる

[デメリット]
- テストケースが長くなり過ぎて、エラーケースが混ざることで本来の正しい動きが見えにくくなる
- デバッグ時のリトライが長くなる

今まで自動テストがなく、とりあえず最初の一歩として導入したい場合には、この一筆書きのE2E テストも選択肢に入るでしょう。きれいなテストをめざして導入が遅れるよりも、まずはテストを早く導入するのが先決です。

5.2 ┊ テストコードを書く

　何をE2Eテストとするのか、他のテストとのボリュームをどうバランスさせるかについて見てきました。ここからは、テストコードの書き方をより詳しく説明していきます。

▌5.2.1　test()

　すでに何度も登場していますが、テストの最小単位を表現するのがこのtest()関数です。基本の書き方は**リスト5.2**のとおりです。

リスト5.2　基本の書き方

```
test('テストの名前', async ({ page }) => {
  // テストケース本体
})
```

　基本的な使い方をする限りは難しいことを考えなくても良いのですが、きちんと理解することで多くのことが可能になります。

○フィクスチャ

　pageオブジェクトは新しいブラウザウィンドウを表します。まえがきでは、Playwrightのテストケースは毎回新しい（ヘッドレス）ブラウザを起動してテストを行うと紹介しましたが、正確にはブラウザが共通で、実行コンテキストだけがテストごとに独立です。

　page含め、同様の設計指針のもとにPlaywrightによって作られているのが「フィクスチャ（Fixtures）」です。

　フィクスチャには次のようなものがあります。pageと同じようにテスト実装関数の第一引数でアクセスできます。

- browser
  ブラウザインスタンス。並列実行のワーカーごとに共有される
- browserName
  ブラウザ名

- context
  テストごとに作られる実行コンテキスト
- page
  コンテキストで分離されたテストごとに作られるブラウザのページ
- request
  テストごとのWeb API実行のコンテキスト（第9章で紹介）

　test()を直接使わずに、ちょっとした処理を加えたオリジナルのtest()を作ることで、ログインなどの共通処理を行わせる方法がPlaywrightでは可能になっています。第6章で取り上げる認証情報の共有やフィクスチャ機能を使ったメソッドの共有などがその例です。Playwrightのドキュメントを見ると、頻繁に独自test関数を作成しているコードが見つかります。これらの実装ではこのフィクスチャを作ってテスト間で共有するといったことを行っています。

　逆に、1つのテストで複数のコンテキストを操ることもできます。たとえば、管理ユーザーと一般ユーザーの2つのコンテキストでページ操作を行い、管理ユーザーで無効化したあとの一般ユーザーの動作を確認する、といったことを1つのテストで行えます。

◯ testInfo

　もうひとつ、さまざまな機能を提供するのが、testInfoです。テスト実装関数の2つめの引数です。現在実行中のテストのファイル名や名前、行番号などの情報が入っていたり、タイムアウトなどの設定値を取得したり更新できたりします。

　興味深い機能が、添付ファイル機能です。これを使うと、UIモードの結果の［Attachments］タブに添付ファイルを付与できます（第1章参照）。任意の名前でファイルを添付でき、オンメモリで作成したファイルだけではなく、ローカルに出力したファイルも添付できます（**リスト5.3**）。

リスト5.3　`testInfo`の利用例

```
import { test, expect } from '@playwright/test'
import { writeFile  } from 'node:fs/promises'

test('添付ファイルのテスト', async({page}, testInfo) => {
  await page.goto('http://localhost:5173/hover-test')

  // 画像添付
  const screenshot = await page.screenshot()
  await testInfo.attach('screenshot.png', { body: screenshot, contentType: 'image/png' })

  // テキストを添付
  await testInfo.attach('log.json', { body: JSON.stringify({message: 'hello'}), cont
entType: 'application/json' })

  // ダウンロードしたファイルを添付
  const res = await fetch('http://localhost:5173/src/assets/main.css')
  const blob = await res.blob()
  const buffer = Buffer.from(await blob.arrayBuffer())
  await testInfo.attach('main.css', { body: buffer, contentType: blob.type })

  // ローカルに出力したファイルを添付
  const path = testInfo.outputPath('output.txt')
  await writeFile(path, 'ログデータ¥n', 'utf-8')
  await testInfo.attach('local-file.log', { path, contentType: 'text/plain' })
})
```

5.2.2　テストのグループ化

　JUnitなどの初期のテスティングフレームワークは、1つのテストケースを1つのメソッドとして表現し、そのテストメソッドをまとめるクラスをテストスイート[注5.4]としてテストをグループ化していました。JavaScriptのテストでは個々のテストケースは1つの関数として定義しますが、テストをまとめる関数もあります。

　Playwrightでは、`test.describe()`を使用して既存のテストをただまとめるだけでも結果がグループ化されて見やすくなる効果があります（**リスト5.4**）。また、毎回同じ処理をしている場合は、次節で紹介するメソッドを活用することで、これらを1ヵ所にまとめてコードを減らせます。

注5.4　最近では言われることは減りましたが、テストを一定のまとまりに集めたものをテストスイートと呼んだりします。スイート化するとグループ化され、テストの結果表示も木構造に表現されてまとまります。スイート化は同じテスト対象や同じスタート状態のものをまとめるのに利用すると見通しが良くなります。

リスト5.4　テストのグループ化

```
import { test } from '@playwright/test'

test.describe('一覧ページ', () => {
  test('一覧表示', async () => {
    (…略…)
  })

  test('個別表示', async () => {
  })
})
```

　単にグループ化するだけでは整理する効果しかありませんが、準備コードを削減できたり、特定のテストを集中的にテストしやすくできたりなど、テストコードのメンテナンス性とテストのしやすさにプラスの効果があります。

COLUMN

ビヘイビア駆動開発（BDD）の用語

　test.describeというのはAPI設計の普通の感覚からすると不思議な命名に感じるでしょう。このメソッド名はRubyのRSpecが由来です。

　現代のユニットテストフレームワークは、Kent Beckが提唱したアジャイルソフトウェア開発のユニットテストのプラクティスや、それを切り出したテスト駆動開発で扱われていたJUnit（さらに祖先はSmalltalkのSUnit）の系列に位置します。この時代は、テストケースのクラス名やメソッド名にはtestの文字を入れるのが一般的でした。

　その後、RubyのRSpecが「テストコードは単なるテストではなく動く仕様であり、ソフトウェアの動作を説明するものだ」とする「ビヘイビア駆動（BDD）」の考え方を提唱します。JavaScriptの世界で広く使われているテスティングフレームワークの多くはこちらをベースに作られています。

　BDDのテストを構成する要素はdescribeとitです。次のコードがそのサンプルです。

```
describe('ログイン画面', () => {
  it('正しいユーザーIDとパスワードを受け付けてログインさせる', () => {
    :
  })

  it('間違ったユーザーIDとパスワードではエラーを表示する', () => {
    :
  })
})
```

このサンプルではテストケース名にあたる部分を日本語にしてしまっているのでありがたみを感じにくいのですが、文字列部分を以下のように書くことで、英語としてそのまま読める文章になります。

- describe ○○ (テスト対象；名詞)
  ○○をこれから説明します
- it □□ (動作；動詞)
  それは□□という動きをします

オブジェクト指向が主流であった時代は対象と動作の2階層でテストを構成するのが自然でしたが、近年のJavaScriptではオブジェクト指向よりも関数型を指向する流れが強くなっています。Meta社が作り、本書執筆時点で一番利用されている[注5.A]テスティングフレームワークのJestでは、階層でまとめたい場合はdescribe()とit()を使い、フラットに書きたい場合はit()のエイリアスのtest()を使うようになりました。

Playwrightはテストランナーを内製していますが、そのテストランナーはdescribe()とtest()を提供しています。昔のサンプルを見るとPlaywrightにもitがあったようですが、現在はtest()のみとなっています。

test()は必ず使うテストAPIであり、必ずインポートするものです。describe()はtest()の付属物となりました。このような経緯の結果、test.describe()という不思議なメソッド名が生まれたと考えられます。

注5.A　https://2022.stateofjs.com/en-US/libraries/testing/ の [usage] の結果より。

5.2.3　準備・片付けコードを共有する

test.beforeAll()、test.beforeEach()、test.afterAll()、test.afterEach()というメソッドが提供されており、これを利用すると、複数のテスト間で準備コード、片付けコードを共有できます (**リスト5.5**)。

リスト5.5　beforeEach()の利用例

```
test.beforeEach(async () => {
  ログイン()
})
```

*Each()メソッドはテストケースごとに呼ばれ、*All()メソッドは全部のテスト、もしくは

テストスイートの前後で一度だけ実行されます。

リスト5.6のようなコードがあったとします。これはどのように実行されるでしょうか？

リスト5.6　準備・片付けの呼び出し順序の検証

```
import { test } from '@playwright/test'

test.beforeEach('親 beforeEach', () => {})
test.beforeAll('親 beforeAll', () => {})
test.afterEach('親 afterEach', () => {})
test.afterAll('親 afterAll', () => {})
test('親テスト', async ({page}) => {})

test.describe('テストスイート', () => {
  test.beforeEach('子 beforeEach', () => {})
  test.beforeAll('子 beforeAll', () => {})
  test.afterEach('子 afterEach', () => {})
  test.afterAll('子 afterAll', () => {})
  test('子テスト', async ({page}) => {})
})
```

親テストに着目すると、次の順序で準備と片付けのコードが呼ばれます。

1. 親 beforeAll
2. 親 beforeEach
3. 親テスト
4. 親 afterEach
5. 親 afterAll

子テストの場合は次のとおりになります。

1. 親 beforeAll
2. 子 beforeAll
3. 親 beforeEach
4. 子 beforeEach
5. 子テスト
6. 子 afterEach
7. 親 afterEach
8. 子 afterAll
9. 親 afterAll

親テストと子テストは並列で呼ばれます。準備コードのbeforeAll()やafterAll()などは

すべてのテストで歩調を合わせて実行されます。ドキュメントでは明言されていませんが、執筆時点のバージョンのテストランナーの動きを見ると、デフォルトで `describe()` のテストスイート、もしくはグローバルのテストごとに並行して実行されています。

　上記例では親テストと子テストは同時に実行されます。そのため、実際にどちらが先に実行されるかは状況しだいです。よって、どちらが先に動いても問題なく実行できるようにテストを書く必要があります。

5.2.4　すばやく繰り返す

　E2Eテスト自体は全画面に対して網羅的に作成していく方針だったとしても、特定のダイアログを実装しているときは、それに関するテストのみをすばやく繰り返し、成功したのか失敗したのかのフィードバックを早く得たほうが、開発の効率は上がります。

　また、一時的にコードが壊れているが他の人が修正中というのがわかっている場合は、そのテストの実行はスキップしたほうが良いでしょう。自分に関係のないエラーが表示されると気に触る人は多いはずです。

　こういったニーズにおいて利用できるツールが `skip()` と `only()` です。通常の `test()` や `describe()` の関数呼び出しの引数の手前に `.skip` や `.only` を挟むことで、時間のかかる特定テストの実行をスキップしたり、指定されたテストのみを実行したりできます（**リスト5.7**）。

リスト5.7　skip()、only()でテスト対象を絞る

```
test.skip('スキップするテスト', () => {
})

test.only('このテストのみを実行', () => {
})
```

　`only()` はグローバル、もしくは `describe()` の同一階層のテストスイート内でのみ有効です。**リスト5.8**のようなコードを書く場合、子テスト1のみがスキップされます。

リスト5.8　only()が有効なのは同じ階層のみ

```
import { test } from '@playwright/test'

test('親テスト', async ({page}) => {})

test.describe('テストスイート', () => {
  test('子テスト1', async ({page}) => {})
  test.only('子テスト2', async ({page}) => {})
})
```

5.3 テストのコメントを書くべきか

「良いコードを書けばコメントなどはいらない」というのは開発者がよく陥る落とし穴です。もちろん、なるべく説明的なコードを書いてコメントを減らしていこう、というのは正しい方向性ではありますが、けっしてゼロになることはありません。たとえば、Playwrightで書かれたテストコードがあったとしても、なぜPlaywrightでなければならなかったのか、他のフレームワークではいけなかったのか、という情報はそこにはありません。

テストコードも、正常ケースであればtest()関数の引数のテキストで十分なことが多いでしょう。しかし、リグレッションテストの場合、どういった不具合が過去にあって、どんな検証のためのテストなのかといった情報は大切です。そのような情報はコードコメントで入れておくほうが良いでしょう。もしチケット管理やタスク管理を使っているのであれば、簡単な概要とそこへのリンクでも良いでしょう。

あとはどうしても機械的になってしまいがちなのが、準備コードやテストデータです。多くの場合は決定表を使ったり、網羅的に取り得るパターンを考慮したりしたうえで、テストコードを準備しているはずです。

たとえば、システムにアクセスするユーザーの種別が複数考えられるケースを考えてみましょう。

- 特権ユーザー
- 一般ユーザーだが該当機能の権限があるユーザー
- 一般ユーザーで該当機能の権限がないユーザー
- 外部ユーザー

この場合、淡々とユーザー情報とロール情報を追加するコードだけがあっても理解しづらいでしょう。「本機能の実行に必要なロールAを設定」のような情報はコメントとして入れておくべきでしょう。

また、システムの内部でフローが変わるようなケースでは「なぜその操作がここでは必要になるのか」といった説明も必要でしょう。たとえばデータを共有する機能において、共有先の相手が同じ組織かどうかで確認ダイアログの出現の有無が変わる場合を考えてみましょう。一方のテストではダイアログのOKをクリックするコードがあり、もう一方にはない、というコード表現だけでは、この仕様を理解するのは難しいでしょう。その場合はユーザー選択の箇所のそばに「同一組織外のユーザーを選択」といったコメントを書き、ダイアログクリックのところでも「組織外ユーザーなので確認が必要」といったコメントを入れると親切でしょう。

5.4 ｜ テストファイルの命名

　Playwrightはデフォルトで.*(test|spec).(js|ts|mjs) という正規表現にマッチするファイルをテストとして扱います。この命名規則は多くのエディタでもテストとして扱われるものです。もし、バックエンドが違う言語の場合などはそちらと命名規則を合わせたくなることもあるかもしれませんが、たとえばVS Codeのファイル一覧でも、通常のコードのファイルとは色分け表示されて検索性が良くなるため、この規則に従ってテストコードを作成するのがお勧めです。

　ソースコードはフォルダで階層化して管理しますし、とくに順番などはないことがほとんどです。しかし、ソースコードとドキュメントの中間であるE2Eテストは順番を意識して管理したくなることがあります[注5.5]。たとえば、ログインから始まり、レポート作成、レポート閲覧、レポート検索、共有などと、ユーザーが操作する流れとテストコードの順序が対応するとわかりやすくなります。エディタやテストランナーでテストフォルダを見たときの見やすさも上がるでしょう。

```
00_login.spec.ts
10_create_report.spec.ts
20_view_report.spec.ts
30_search_report.spec.ts
40_share_report.spec.ts
```

　また、デフォルトではファイルごとに並行してテストが実行されるため、分けたほうが実行効率は上がるように思えますが、並列実行のモードはファイルごとの設定やプロジェクト横断の設定、実行時の --fully-parallel オプションで変えられ、かつテストケース内部のテストをすべて並列実行させるのも可能なため、高速化のためだけにファイルを分割する必要はありません。管理しやすい単位で分ければ良いでしょう。

注5.5　ただしテストの原則として、どのテスト同士も独立していて、どの順番で実行されたとしても、単独で実行されたとしても、常に同じ結果を出すように実装しなければなりません。

5.5 ビジュアルリグレッションテスト

　Playwrightにはビジュアルリグレッションテストを行う機能が内蔵されています。これまでのテストは「○○という要素が表示されている」といったようにテストがパスする条件をテストコードに明記していました。しかし、そのような「テキスト」ではテストを表現しにくいケースもいくつかあります。

- 動的生成される画像やWebGL、Canvasの比較
- 数式や、Markdownレンダリングエンジンの生成結果などの複雑な階層構造を持つDOMの確認
- CSSのデザインが崩れていないかの検証

　Playwrightでは「スクリーンショット」と「スナップショット」、2つの手法を提供しています。どちらも、初回実行時に比較対象のデータを作成し（ただし比較対象が存在しないということでエラーになる）、2回目以降は生成されたデータと比較することで検証します。

　スクリーンショットはその名のとおり画像をキャプチャしてテストします。Canvasなどの画像要素、動的生成の画像など、HTMLのソースを見ただけでは表示内容がわからないようなケースに最適です。スナップショットはDOM要素からテキストやバイナリを抽出し、それをファイルに保存してからテストします。どちらも、CI環境などで毎回、初回実行でエラーにならないように、生成したファイルはリポジトリに入れておきます。

　それぞれのテスト例は次のとおりです。awaitの位置が微妙に異なる点に注意してください。

```
// スクリーンショット
await expect(page.getByTestId('canvas')).toHaveScreenshot({maxDiffPixels: 100})

// スナップショット
expect(await page.getByTitle('星座リスト').innerHTML()).toMatchSnapshot('zodiac.html')
```

　スクリーンショットはテスト対象のタグを指定し、そのタグのレンダリング結果の画像を書き出して比較します。スナップショットのほうはテキスト情報を書き出して比較します。

　スナップショットは標準ドキュメントでは textContent() を使っていますが、これはスタイルなどが何もなく、タグ情報すらもない状態での比較となります。タグの構造なども含めて比較したいのであれば、上記のサンプルのように innerHTML() メソッドのほうが良いでしょう。た

だし、ランダムなID値などがタグの属性に埋め込まれていたり、現在時刻を表示していたりしたら、毎回エラーになってしまいます。その場合はtextContent()を使うか、事前処理をしたうえでtoMatchSnapshot()を呼び出す必要があります。

　リスト5.9は、\<canvas\>にランダムで付与される属性を削除してから比較するコードです。

リスト5.9　parse5で実行のたびに違う乱数値が入るdata-scene属性を削除してから比較

```
import { test, expect } from '@playwright/test'
import { parseFragment, serializeOuter } from 'parse5'
import type { DefaultTreeAdapterMap } from 'parse5'

test('screenshot', async ({page}) => {
    await page.goto('http://localhost:5173/webgl-test')
    const dom = parseFragment(await page.getByTestId('canvas').innerHTML())
    const elem = dom.childNodes[0] as DefaultTreeAdapterMap['element']
    elem.attrs = elem.attrs.filter(attr => attr.name !== 'data-scene')
    expect(serializeOuter(elem)).toMatchSnapshot('canvas.snapshot.html')
})
```

　どちらの場合も一度保存したファイルが比較対象として利用され続けますが、--update-snapshotsフラグを付けて実行すると、スナップショットを更新します。

```
$ npx playwright test --update-snapshots
```

5.6 ｜ まとめ

　前章まではテストコードの動きを記述するためのメソッドを紹介してきましたが、本章ではそのテストコードの箱となるtest()関数やそのサポートをするメソッド群を紹介してきました。

　シンプルにtest()を作るだけでも十分にテストは作成できますが、本章で紹介したメソッドを使うことでテストコードの実装効率を上げられます。

　また、テストをどの単位で切るか、何をテスト対象として何を対象としないか、という指標を考えるうえで基盤となる、テストピラミッドやテスティングトロフィーも紹介しました。E2Eテストがより効果を発揮できる領域を意識することが大切です。

第 **6** 章

実践的なテクニック

||||||||||||||||||||||||||||||||

本章ではより実践的なテクニックとして、テストを行う際に有用な Playwright の機能や遭遇しやすいシチュエーションでのテスト方法 について紹介します。スクリーンショットを撮影する機能やテスト中 の動作をビデオ撮影するオプション、認証が必要なページのテストや ネットワークトラフィックの監視、複数ブラウザでの動作確認につい て触れていきます。

Playwrightにはスクリーンショットとビデオの機能が用意されています。テストのエビデンス取得のため、スクリーンショットやテスト実行中の録画が必要な場合などに有効です。

6.1.1　スクリーンショットの撮影

テストの実行途中にスクリーンショットを撮影したい場合、以下のように記述できます。

```
await page.screenshot({ path: 'screenshot.png' })
```

Playwrightの公式サイトに対してスクリーンショットを撮影してみましょう。

```
import { test } from '@playwright/test'

test('スクリーンショット', async ({ page }) => {
  await page.goto('https://playwright.dev/')
  await page.screenshot({ path: 'screenshot.png' })
})
```

すると、test-results（テスト出力ディレクトリ）に<テスト名>/screenshot.pngという名前でスクリーンショットの画像ファイルが作成されます（**図6.1**）。

図6.1　Playwrightで撮影した公式サイトのスクリーンショット

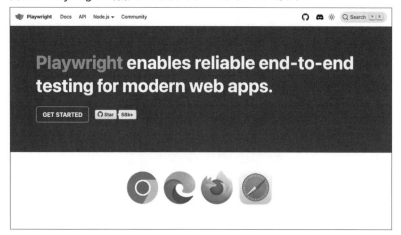

○ ページ全体をスクリーンショット

　画面に表示されている領域だけでなく、ページ全体のスクリーンショットを撮りたい場合もあります。スクロール可能なページでは、以下のように fullPage: true を指定するとページ全体のスクリーンショットを取得できます（**図6.2**）。

```
import { test } from '@playwright/test'

test('スクリーンショット', async ({ page }) => {
  await page.goto('https://playwright.dev/')
  await page.screenshot({ path: 'screenshot_full.png', fullPage: true })
})
```

図6.2　ページ全体のスクリーンショット

◯ 要素を指定してスクリーンショット

特定の要素だけを指定してスクリーンショットを撮ることが可能です。以下のように記述すると、ロケーターで指定した特定の要素のみのスクリーンショットを撮影します（**図6.3**）。

```
import { test } from '@playwright/test'

test('スクリーンショット', async ({ page }) => {
  await page.goto('https://playwright.dev/')
  await await page.getByRole('heading', { name: 'Playwright enables reliable' }).scr
eenshot({ path: 'screenshot-element.png'})
})
```

図6.3　特定要素のみのスクリーンショット

Playwright enables reliable end-to-end testing for modern web apps.

こうしたスクリーンショットは、ヘルプページやドキュメントの作成時に役立ちます。

◯ スクリーンショットのバッファを取得

Playwrightのスクリーンショット機能では、撮影したスクリーンショットを画像ファイルに書き込むだけでなく、画像のバッファを取得して後処理したり、サードパーティーのテストサービスに渡したりすることもできます。Playwrightのテストコードは Node.js 上で動くため、npm パッケージを駆使すると、簡単に画像を加工できます。

画像に Git のハッシュとタイムスタンプを書き出してみましょう。次のコマンドでサードパーティーのライブラリをインストールします。

```
$ npm install --save-dev git-repo-info jimp dayjs
```

コードは**リスト6.1**で、作成したサンプルは**図6.4**のとおりです。第1章のハンズオンで作成したフォームのページのスクリーンショットを撮影し、現在の Git リポジトリのハッシュ値の先頭10文字と日付を出力しています。

リスト6.1 スクリーンショットにタイムスタンプとハッシュを書き込む

```javascript
import { test, expect } from '@playwright/test'
import getRepoInfo from 'git-repo-info'
import Jimp from 'jimp'
import dayjs from 'dayjs'
import { join } from 'path'

test('スクリーンショット', async ({page}, testInfo) => {
    // ページ遷移してスクリーンショットを取得
    await page.goto('http://localhost:3000/form')
    const buffer = await page.screenshot()

    // 取得したスクリーンショットを画像処理ライブラリで読み込み
    const image = await Jimp.read(buffer)
    const font = await Jimp.loadFont(Jimp.FONT_SANS_32_BLACK)
    const git = getRepoInfo()

    // スクリーンショットにテキストを書き込み、別ファイルに保存する
    await image.print(font, 0, 0, {
        alignmentX: Jimp.HORIZONTAL_ALIGN_RIGHT,
        alignmentY: Jimp.VERTICAL_ALIGN_BOTTOM,
        text: `${git.sha.slice(0, 10)} : ${dayjs().format('YYYY/MM/DD HH:mm:ss')}`
    }, image.getWidth(), image.getHeight())
    await image.write(join(testInfo.outputDir, 'screenshot01.png'))
})
```

図6.4 タイムスタンプとハッシュを書き込んだ出力例

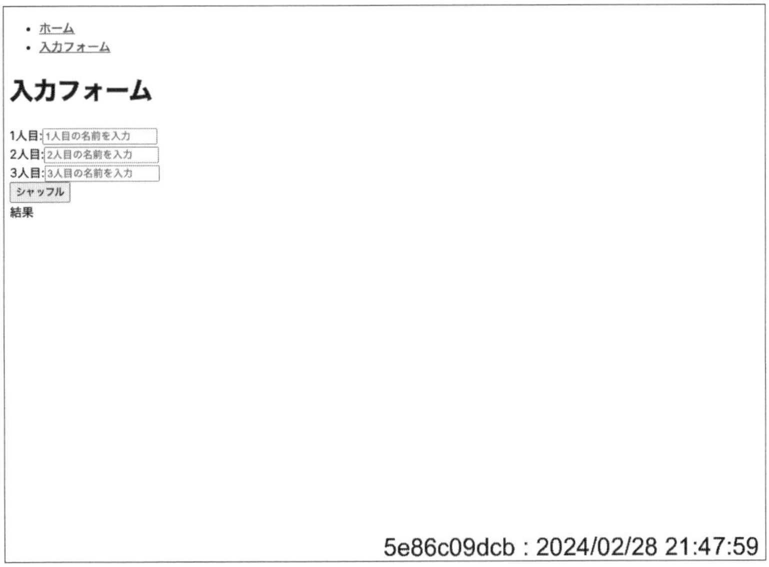

出力先の情報はtest()のコールバック関数実行時に、引数のtestInfoからも取得しています。

このサンプルではファイル名を埋め込んでいますが、何度も使うのであれば関数化すると良いでしょう。

6.1.2　ビデオの撮影

Playwrightではテスト実行中の動作を動画で保存する機能が用意されています。動画で保存したい場合は、設定ファイルに**リスト6.2**のように記述します。

リスト6.2　動画保存の設定（playwright.config.ts）

```
export default defineConfig({
  use: {
    video: 'on',
  },
})
```

videoには以下のオプションが用意されています。

- `'off'`
  録画なし（デフォルト）
- `'on'`
  テストごとに録画
- `'retain-on-failure'`
  テストごとに録画。テストに成功したときの動画はすべて削除
- `'on-first-retry'`
  テストを初めて再試行する場合のみ録画

動画のサイズはデフォルトで800×800に設定されています。しかしながら、撮影された動画がこのサイズに収まるように縮小されるため、横長の画面を撮影した場合に動画の下部に余白ができてしまいます（**図6.5**）。

図6.5　テストの実行中に撮影された動画

　余計な余白を削除するためには、動画の縦横比と画面の縦横比が同じになるように設定しておくと良いでしょう（**リスト6.3**）。

リスト6.3　動画と画面とで縦横比を合わす設定（playwright.config.ts）

```
export default defineConfig({
  use: {
    video: {
      mode: 'on',
      size: { width: 1024, height: 768 }
    },
  },
})
```

　また、「マルチブラウザでテストを行っているが動画はChromeのみで十分」といった場合には、設定ファイルでprojectsのuse内に記述しましょう（**リスト6.4**）。

リスト6.4　動画保存はChromeの場合に限定（playwright.config.ts）

```
:caption: playwright.config.ts

export default defineConfig({
  projects: [
    {
      name: 'chromium',
      use: {
        ...devices['Desktop Chrome'],
        video: {
          mode: 'on',
          size: { width: 1280, height: 720 }
        }
      },
    },
  ]
})
```

　動画ファイルは`test-results`（テスト出力ディレクトリ）に`<テスト名>/video.webm`として保存されます。

　動画は、テスト終了時のブラウザコンテキストが閉じられるときに保存されます。テストを途中で中断した場合や、ブラウザを用いていないテストの場合、動画が保存されないため注意が必要です。

　また、ビデオを作成することでテストの実行時間が少し長くなります。おおよそ1割程度ではありますが、テストの実行時間を短縮したいという場面では注意が必要です。

6.2 ┊ 認証を伴うテスト

　認証が必要なページをテストするときは、もちろん正攻法で毎回認証を行ってテストする方法もあります。ただし、テストケースごとにCookieなどがリセットされてしまうため、工夫をせずに生真面目に毎回ログイン処理を書いてしまうと、処理時間が大幅に延びてしまいます。筆者（渋川）は以前、CypressでE2Eテストを書いていたときは処理時間の半分以上がログイン処理になってしまったこともありました。というのも、これには理由があります。

　認証を表からクラックする攻撃者は、ユーザーIDとパスワードのさまざまな組み合わせを送信

するブルートフォース攻撃を行います。秒間に試行する回数が増えれば攻撃が成功しやすくなるため、近年の認証サービスでは認証失敗時にウェイトをかけたり、秒間の認証回数に制限を加えたりするケースが増えています。ユーザーによる正常なアクセスでは、認証は多くても1日に一度しかしないため、認証サービスでは意図的に処理時間が延ばされています。また、ページのホップ数が多かったり、別ホストへのアクセスも挟まったりするため時間がかかります。

このため、すべてのテストコードの先頭でログインを行わせると遅くなってしまいます。このような状況に対処するためにいくつかの方法があります。

(1) 一度ログインしたら1つのテストケースでたくさんのテストを実行してしまう
(2) フェイクの認証を用意して認証済みとみなさせる
(3) Cookieなどのセッション情報を、テストをまたいで利用可能とする
(4) 一時的に認証を使わないモードを実装する

(1) は消極的な方法です。なるべくテストケースは独立した小さいものにしたほうが良い (ただし長くてもやらないよりはマシ) というのが、一般的なテストのプラクティスです。処理時間の短縮のためにテストとしての使い勝手を悪化させてしまうのはエンジニアリングの敗北です。

(2) の方法は外部の認証機構の代替を作ることでテストのポータビリティを上げる方法です。

(3) の方法は一度突破したログイン情報を利用して他のテストも実行します。正攻法なパターンです。

(4) は開発時によく取られる方法ですが、フレームワークによって組み込み方法が変わるので本書では割愛します。

それでは、この (2) と (3) の手法について詳しく紹介します。

6.2.1 認証を使わないモードを実装する

社内業務システムの認証での認証で圧倒的なシェアを誇る[注6.1]のがMicrosoftのEntra ID (旧名はAzureAD) です。Entra IDを使ってシングルサインオンを実現するのであれば、便利なのがMSAL.jsというライブラリです。

● MSAL.jsで認証を簡易化する

Open ID Connectのログインでは、IDプラットフォームからブラウザのコールバックでサーバにリクエストを送って認証を完了させるのが一般的でしたが、MSAL.jsはPKCEというしくみ

注6.1　筆者らが所属する企業の開発案件で遭遇する割合調べ。

を活用することで、以前はパブリッククラウドで問題とされてきた「認可コード横取り攻撃」への耐性を高めており、結果としてフロントエンドのみで認証を行えるようになりました。これにより、バックエンドのサービスは、Entra IDが発行するJWT (JSON Web Token) 形式のトークンがついたリクエストを処理するだけになるため、認証に関するタスクはJWTの署名確認だけになります。

つまり、JWTを作ることさえできれば、バックエンドへのリクエストには本物を使いながら、処理を継続できます。実際のユーザーをEntra IDに作らずに、テストケースに必要なだけのバリエーションのユーザーを作成できるのです。

○ JWT作成のための署名とクレームを用意する

JWTを作るには2つの要素が必要です。まずはクレームです。クレームはトークンに含まれるユーザーを特定する情報などです。もう1つが署名です。署名にはそれを行うための秘密鍵と、検証を行うための公開鍵が必要となります。

最初に署名の鍵を作ります。Entra IDでは公開鍵しか公開されておらず、署名を付与できません。署名するには自前で秘密鍵を用意する必要があります。鍵を作るにはhttps://mkjwk.org/ のサイトを利用するのが簡単です (図6.6)。

図6.6　署名用の鍵を作成するmkjwk.org

このサイトで［RSA］タブを開き、**表6.1**のように入力するとEntra IDと同じ条件になります。

表6.1　署名の鍵の設定

項目	値
鍵のサイズ	2048
鍵の用途	署名
アルゴリズム	RS256

　［鍵のID］の値は任意です。また、［Show X.509］は使わないので「No」を選択してください。

　［生成する］を押して生成されたキーペア、キーペアのセット、公開鍵のすべてをファイルにして保存しておきましょう。キーペアと公開鍵はJWTの生成に使います。キーペアのセットはEntra IDのもの[注6.2]と同じ形式なのでサーバに読み込ませるのに最適です。

　JWTを作るにはJSON形式でクレームを用意します。**リスト6.5**のクレームはEntra IDが生

注6.2　https://login.microsoftonline.com/{テナントID}/v2.0/.well-known/openid-configurationの `jwks_uri` に、これと同様のキーセットのリンクが入っています。本番環境ではこれを使って署名検証します。

成するクレームと同じ形式です。テストユーザーごとに作ります。

リスト6.5　JWTクレーム

```json
{
  "aud": "1111111-1111-1111-1111-111111111111",
  "iss": "https://login.microsoftonline.com/0000000-0000-0000-0000-000000000000/v2.0",
  "iat": 1671015703,
  "nbf": 1671015703,
  "exp": 2071019603,
  "idp": "https://sts.windows.net/00000000-0000-0000-0000-000000000000/",
  "name": "Test User(テストユーザー)",
  "nonce": "ce3fd167-0e5a-43ae-bb8b-11d8d003d8c6",
  "oid": "daf6a6c6-d549-4421-bf71-3b59fd74d531",
  "preferred_username": "test.user@example.com",
  "rh": "0.AWoA733wxZg0tkymktoZGQzOJ_1Ryon2gERMsUs1n-XnFcpqAFQ.",
  "sub": "oXxd31705vfpTnrSPcdVCdAoalq7ZgQ_gx7Msq7OBzY",
  "tid": "0000000-0000-0000-0000-000000000000",
  "uti": "Fw7ZoF0z1UCipEF8hfwZAA",
  "ver": "2.0"
}
```

　このサンプルではテナントIDを「0000000-0000-0000-0000-000000000000」、アプリケーションIDを「1111111-1111-1111-1111-111111111111」としていますが、ここには実際の値を取ってきて埋めると良いでしょう。expは署名の有効期限で、この例では2035年にしています。

　サーバではこの情報からログインしたユーザーを特定します。Entra IDの推奨はsubです。sub情報とユーザーのマッピングをシステム側に保持しておき、ユーザーを決定する方法になりますが、この運用をきちんと回している会社は見たことがなく、人事情報をEntra ID側に取り込む（マスターは外部システム）というケースが大半です。メールアドレスを利用するか、社員IDをEntra IDに取り込み、マニフェストを修正して社員IDをクレームに含まれるように設定するといった方法のほうが現実的でしょう。もしEntra IDを変更する場合はこちらのJSONも変更します。

● jwt.ioでJWTを作成する

　クレームの準備ができたらhttps://jwt.io/を開きます（**図6.7**）。

図6.7 JWTを作成するjwt.io

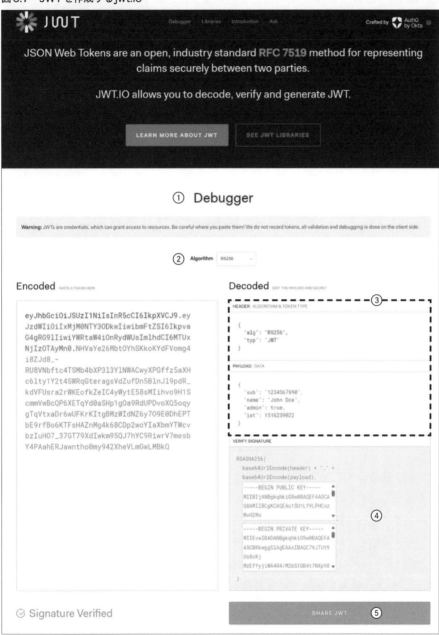

トップページの少し下の [Debugger] (①) を使います。左の [Encoded] が完成したJWT、右
の [Decoded] がそのソースの欄です。まずはヘッダの下の [Algorithm] (②) を「RS256」にし

ます。PAYLOAD欄（③）にJWTのクレームを貼り付けます。その下の署名欄（④）の上段に公開鍵[注6.3]、下段に秘密鍵を入れ［SHARE JWT］（⑤）を押すと、JWTが生成されます。

○ JWTトークンを付与する

ログイン処理をバイパスし、このトークンを、フック機能を使って付与するなどすれば、サーバは正規のユーザーからのリクエストとして動作します（**リスト6.6**）。また、Web APIテストでもそのまま活用できます。

リスト6.6　Web APIアクセスをフックしてJWTトークンを付与する

```
await page.route('**/*', route => {
  const headers = route.request().headers()
  headers['Authorization'] = `Bearer ${DUMMY_JWT}`
  route.continue({ headers })
})
```

もちろん、サーバ側は正規ではない公開鍵を持つことになるため、本番環境で動作させるのは望ましくありませんが、ステージング環境でサーバも含めたE2Eテストをするのは可能でしょう。ステージング環境できちんとしたテストを行うのであれば、本番環境ではすべてのテストケースを上から下までやる必要はなく、デプロイが正しく行われて正常動作していることを軽く検証するテストを数本走らせれば十分なはずで、本数が少なければ時間のかかる都度認証でも問題はないでしょう。

▌6.2.2　セッション情報を共有する

先ほどのサンプルは業務システムでニーズの高いEntra IDを想定したもので、なおかつフロントエンドのみで認証が完結するケースを想定していました。それ以外のケースとして、自前で実装するログイン画面や、サーバ側でコールバックを受ける昔ながらのOpen ID Connect実装などの場合、通常はサーバ側にセッションデータベースを持ちます。ログイン時にセッション情報が作成され、このデータベースに格納されます。その場合はテストケースの中でログイン処理を行い、サーバ内にセッション情報を作成させる必要があります。

テストケースごとにログインが必要というのは、ケースをまたいでCookieなどをやりとりできないことが原因です。しかし、みなさんがソーシャルメディアのX（旧Twitter）などにアクセスする場合、初回はログインが必要であっても、2回目以降はログイン不要でしょう。これと同

注6.3　公開鍵は入れなくてもJWTは生成されます。

じことができればテスト時間は大幅な削減が可能です。

○ セッション情報を読み込む

　セッション情報の読み書きはメソッド1つで簡単に行えます。**リスト6.7**のコードでCookie
やローカルストレージの情報をJSON形式で書き出せます。

リスト6.7　セッションの読み書き

```
// テスト後のセッション情報を保存する
await page.context().storageState({ path: 'playwright/.auth/user.json' })

// セッション情報を読み込む
const context = await browser.newContext({ storageState: 'playwright/.auth/user.json' })
const page = await context.newPage()
```

　この認証情報のJSONファイル（サンプルでは`playwright/.auth/user.json`）は通常、短
期間のみ有効なものであるため、リポジトリには入れないように`.gitignore`にパスを入れてお
くようにしましょう。テストごとに読み込ませたいセッション情報を指定できるため、多数のユー
ザーを切り替えてテストするのであれば、こちらの方法が柔軟です。

　読み込む方法は他にもあります。前述の例とは異なり1ヵ所で、すべてのテストケースで同一
のセッション情報をまとめて設定する方法を紹介します。Playwrightの設定ファイルのプロジェ
クトの箇所に`storageState`フィールドを追加し、上記の方法で保存したJSONのパスを記述す
ることで読み込まれます（**リスト6.8**）。

リスト6.8　セッション情報を一括で設定（playwright.config.ts）

```
export default defineConfig({
  projects: [
    {
      name: 'chromium',
      use: {
        ...devices['Desktop Chrome'],
        storageState: 'playwright/.auth/user.json'
      },
      dependencies: ['setup'],
    }
  ]
})
```

　ログインコードを書くコードを置く場所の選択肢はいくつかあります。

　初期化用プロジェクトを作成して、他のプロジェクトから依存として扱う方法があります。公
式ドキュメントでもこちらの例が最初に紹介されています。初期化用プロジェクトを使う以外の
方法として、グローバルセットアップを活用するものもありますが、この方法はトレースなどが

生成されないという欠点があります。また、公式ドキュメント[注6.4]にはそれ以外にも同一テスト内で複数のセッションを使う方法、ワーカーごとにキャッシュする方法も紹介されています。

○ 認証処理を実装する

それでは、認証処理を実装してみましょう。SaaSなどのセットアップは大変ですし、設定間違いのトラブルシュートが難しかったりするため、Dockerを使って認証が必要なサービスを立て、それに対する認証処理を実装してみます（**リスト6.9**）。

リスト6.9　認証が必要なサービス(docker-compose.yaml)

```
services:
  pgadmin:
    image: dpage/pgadmin4
    ports:
      - "8888:80"
    environment:
      PGADMIN_DEFAULT_EMAIL: admin@example.com
      PGADMIN_DEFAULT_PASSWORD: very-strong-password
      PGADMIN_CONFIG_ENHANCED_COOKIE_PROTECTION: "False"
```

ここでは、認証が必要なサービスのサンプルとしてpgAdminを利用します。ログインだけが行えればいいので、PostgreSQLは不要です。1点だけ注意点として、pgAdminはCookieとして持つセッション情報とIPアドレスをペアにして確認する拡張Cookie保護機構がデフォルトで有効になっており、テストケースごとに別のワーカーが起動すると認証が無効となります。公式ドキュメントにはワーカーごとにセッションを維持する方法も紹介されていますが、本節ではステップを簡単にするためにこの機能を単純にオフします（**リスト6.9**最下行）。

次のコマンドでpgAdminを実行します。

```
$ docker compose up
```

ブラウザで`http://localhost:8888`にアクセスするとログイン画面が表示されます（**図6.8**）。

注6.4　https://playwright.dev/docs/test-global-setup-teardown#option-2-configure-globalsetup-and-globalteardown

図6.8　pgAdminのログイン画面

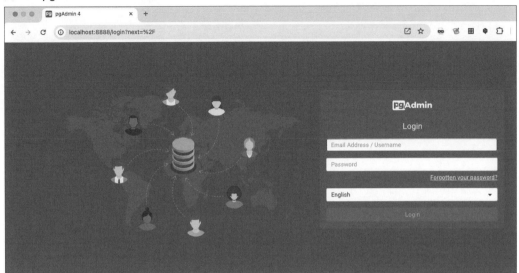

　次にPlaywrightを設定します。まず、ログイン処理を書いていきます。通常のテストと同じように ロケーターを使ったりマッチャーで検証を行ったりします。最後にログイン後のコンテキストをファイルに保存しています（リスト6.10）

リスト6.10　ログイン処理（auth.setup.ts）

```
import { test as setup, expect } from '@playwright/test'

const authFile = 'playwright/.auth/user.json'

setup('authenticate', async ({ page }) => {
  await page.goto('http://localhost:8888')
  await page.getByPlaceholder('Email Address / Username').fill('admin@example.com')
  await page.getByPlaceholder('Password').fill('very-strong-password')
  await page.getByRole('button', { name: 'Login' }).click()
  await page.waitForURL('http://localhost:8888/browser/')
  await expect(page.getByText(/Object Explorer/)).toBeVisible()
  await page.context().storageState({ path: authFile })
})
```

　このスクリプトの起動は、設定用プロジェクト経由で行います。新しいsetupという名前のプロジェクトを作り、他のブラウザごとのプロジェクトの依存先プロジェクトとして追加します（リスト6.11）。

リスト6.11　リスト6.10を依存先プロジェクトに追加（playwright.config.ts）

```
export default defineConfig({
  projects: [
    { name: 'setup', testMatch: /.*\.setup\.ts/ }, // 追加する設定プロジェクト
    {
      name: 'chromium',
      use: { ...devices['Desktop Chrome'] },
      dependencies: ['setup'],                    // この行を追加
    },
    (…略…)
  ],
})
```

　これ以降のテストでは、すでにログイン済みの状態としてテストが書けます。ログイン処理を
テストケースごとに記述する必要はありません（**リスト6.12**）。

リスト6.12　リスト6.9のサービスへのテスト（pgadmin.spec.ts）

```
import { test, expect } from '@playwright/test'

test('open About dialog', async ({ page }) => {
  await page.goto('http://localhost:8888/browser/')

  await page.getByRole("button", {name: /Help/}).click()
  await page.getByText(/About pgAdmin 4/).click()

  await expect(page.getByText(/Application Mode/)).toBeVisible()
})
```

　テストを起動して実行すると、**リスト6.13**のようなJSONファイルが書き出されます。また、
各テストのネットワークアクセスを次節で紹介する方法などで見ると、ここに書かれたCookie
を送信していることがわかります。

リスト6.13　書き出されたセッション情報（playwright/.auth/user.json）

```
{
"cookies": [
  {
    "name": "pga4_session",
    "value": "d759c0f9-7f4b-4bce-ba62-73c11428c947!6+JXaTEFUVhGc/yWmky2DB2nY0F0CRRN3v/dQqJRUe8=",
    "domain": "localhost",
    "path": "/",
    "expires": 1703889357.696225,
    "httpOnly": true,
    "secure": false,
    "sameSite": "Lax"
  },
```

```
   (…略…)
],
"origins": [
  {
    "origin": "http://localhost:8888",
    "localStorage": [
      {
        "name": "__test__",
        "value": "\ud800"
      }
    ]
  }
]
}
```

6.3 ネットワークの監視とハンドリング

Playwrightはブラウザのネットワークトラフィックを監視、変更するためのテストAPIを提供しています。

6.3.1 ネットワークの監視

Playwrightではネットワークのリクエストやレスポンスをはじめ、Webページで発生するさまざまな種類のイベントを`page.on()`で監視できます。

次の例では`https://example.com`にアクセスしたときに発生するすべてのリクエストとレスポンスをコンソールに出力しています。

```
page.on('request', (request) =>
  console.log('>>', request.method(), request.url())
)
page.on('response', (response) =>
  console.log('<<', response.status(), response.url())
)
await page.goto('https://example.com')
```

コンソールの出力結果は次のとおりです。

```
$ npx playwright test
...
>> GET https://example.com/
<< 200 https://example.com/
```

特定のリクエストやレスポンスを待機することもできます。

リクエストを待機する場合は`page.waitForRequest()`を利用します。特定のWeb API呼び出しを待機してリクエストを確認したい場合や、ページによってリクエストされた特定のリソース（画像やスクリプトなど）があるかどうかを確認したい場合に役立ちます。

```
// 特定のURLへのリクエストを待機する場合
const requestPromise = page.waitForRequest('**/api/fetch_data')
await page.getByText('trigger request').click()
const request = await requestPromise

// 特定のURLへのGETリクエストを待機する場合
const requestPromise = page.waitForRequest(
  (request) =>
    request.url() === '**/api/fetch_data' && request.method() === 'GET'
)
await page.getByText('trigger request').click()
const request = await requestPromise
```

レスポンスを待機する場合は`page.waitForResponse()`を利用します。次の処理がWeb APIレスポンスから受け取ったデータに依存している場合や、特定のWeb API呼び出しが期待されるレスポンスを返却することを確認したい場合に役立ちます。

```
// 特定のURLからのレスポンスを待機する場合
const responsePromise = page.waitForResponse('**/api/fetch_data')
await page.getByText('trigger request').click()
const response = await responsePromise

// 特定のURLからの成功 (200 OK) レスポンスを待機する場合
const responsePromise = page.waitForResponse(
  (response) =>
    response.url() === '**/api/fetch_data' && response.status() === 200
)
await page.getByText('trigger request').click()
const response = await responsePromise
```

6.3.2　ネットワークのハンドリング

page.route()やbrowserContext.route()を利用することで、特定のWeb APIモックを作成したり、リクエストを中断したりできます。

● 特定のWeb APIのモックを作成する

route.fulfill()を用いてカスタマイズされたレスポンスで応答できます。ここでは、「200 OK」のHTTPステータスコードで独自のテストデータを返却しています。

```
await page.route('**/api/fetch_data', (route) =>
  route.fulfill({
    status: 200,
    body: testData,
  })
)
await page.goto('https://example.com')
```

● リクエストを中断する

request.abort()を用いてネットワークリクエストを途中で中断できます。ネットワーク障害のシミュレーションや不要なリソースのロードを防ぐといったシナリオで役立ちます。

● 画像 (PNG, JPG, JPEG) へのリクエストを中断する

```
await page.route('**/*.{png,jpg,jpeg}', (route) => route.abort())
```

● リクエストを変更する

route.request()を用いてリクエストを取得し、変更を加えたうえでroute.continue()に引き渡すことで、リクエストの一部または全部を変更できます。

● リクエストヘッダを削除する

```
await page.route('**/*', (route) => {
  const headers = route.request().headers()
  delete headers['X-Secret']
  route.continue({ headers })
})
```

● レスポンスを変更する

route.fetch()を用いて実際のレスポンスを取得したあと、route.fulfill()を用いることで、レスポンスの一部のみを変更できます。

119

```
await page.route('**/title.html', async (route) => {
  // 正規のレスポンスを取得する
  const response = await route.fetch()
  // レスポンスボディを上書きする
  route.fulfill({
    response,
    body: (await response.text()).replace('<title>', '<title>My prefix:'),
  })
})
```

6.4　複数ブラウザでの動作確認

　Playwright は Chromium、WebKit、Firefox をはじめとする主要なブラウザでのテストをサポートしています。みなさんは普段、どのようなブラウザを使用しているでしょうか。多くの方がGoogle Chrome、Microsoft Edge、Safari などの商用ブラウザを日常的に使用していることでしょう。これらのブラウザは広く認知されていますが、それらを支える Chromium や WebKit といった技術については、あまり知らないという方が多いかもしれません。

　そのため、まずはブラウザの基礎知識からはじめ、Playwright がサポートしているブラウザを紹介します。そのあと、ブラウザのインストール方法や、設定方法について詳しく説明していきます。

6.4.1　ブラウザの基礎知識

　ブラウザ（Web ブラウザ）とは Web ページを閲覧するためのソフトウェアです。その数は主要なものだけでも十数種類あり、ニッチなものを含めるとさらに多くなります。これらのブラウザは「Chromium ベースのブラウザ」とそれ以外の「独立したブラウザ」の 2 つに分類できます。

○ Chromium ベースのブラウザ

　まず、そもそも Chromium とは何かについて説明します。

　Chromium は Web ブラウザ向けのコードベースと言われるもので、オープンソースプロジェクトとしておもに Google によってメンテナンスされています。

ブラウザ向けのコードベースとは、言い換えれば、Webブラウザを構築するための基礎となるプログラムやライブラリの集まりです。開発者はこのChromiumのコードベースを使用して、独自のブラウザを開発したり、既存のブラウザに新しい機能を追加したりできます。

Google ChromeやMicrosoft Edge[注6.5]、Opera、VivaldiといったブラウザはいずれもChromiumをベースとして作られたものであり、「Chromiumベースのブラウザ」や「Chromium系のブラウザ」と称されたりします。

また、少しややこしいですが、Chromiumはブラウザのコードベースでありつつ、それ自体が実行可能なブラウザとしても存在[注6.6]しています。これはChromiumのコードベースに手を加えずそのままビルドしたもので、E2Eテスト含めテクニカルな用途で利用されることが多くあります。

まとめると、Chromiumはブラウザのコードベースであり、同時にそのコードから直接ビルドされた実行可能なブラウザでもあります。この両面性がChromiumを特別な存在にしており、ブラウザ技術の進化において中心的な役割を果たしています。

○ 独立したブラウザ

先ほどみたChromiumベースのブラウザとは異なり、SafariやFirefoxなどのブラウザは、何か特定のブラウザをベースとしているわけではなく、それ単体で独立したブラウザとして存在しています。

◆　◆　◆

ここまでの説明を図にしてまとめると**図6.9**のようになります。

図6.9　ブラウザの分類

○ レンダリングエンジンとは

お気づきかもしれませんが、これまでの説明には「WebKit」という用語が登場していません。WebKitはブラウザそのものではなく、ブラウザの「レンダリングエンジン」と呼ばれるものです。

注6.5　Microsoft EdgeがChromiumベースとなったのは2020年1月のリリースからであり、それまでは独自のエンジンであるEdgeHTMLを使用していました。

注6.6　GoogleはChromiumブラウザの公式版を直接提供していません。代わりにChromiumプロジェクトのコミュニティやサードパーティーの開発者がビルドしたバージョンが公開されています。

　レンダリングエンジンとはブラウザの「心臓部」とも言える部分であり、Webページのソースコード（HTML、CSS、JavaScriptなど）を解析し、それをユーザーが視覚的に理解できる形式、つまり目に見えるWebページへと変換する役割を担っています。

　Web開発を行ううえで避けられない課題の1つに、異なるブラウザ間でのWebページの見え方や挙動の差異が挙げられます。差異が生まれる根本的な原因は、各ブラウザが異なるレンダリングエンジンを採用しており、それぞれのWeb標準に対する解釈や実装の程度が異なることにあります。そのため、同一のコードであってもブラウザによって異なるレンダリング結果を生じさせることになっています。

　各ブラウザが採用しているレンダリングエンジンは**図6.10**のとおりです。

図6.10　ブラウザとレンダリングエンジン

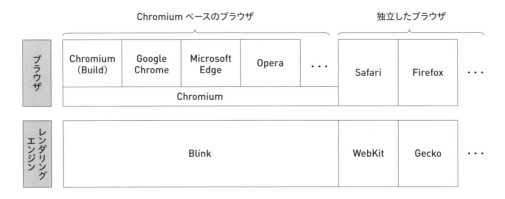

　Chromiumベースのブラウザは「Blink」と呼ばれるレンダリングエンジンを採用しています。一方、Safariは「WebKit」を、Firefoxは「Gecko」をそれぞれ使用しています。

　ただしiOSおよびiPadOSに関しては、事情が異なります。これらのOS上で動作するブラウザはAppleのポリシーにより、内部的にWebKitレンダリングエンジンを使用することが義務付けられています。この結果、Safariはもちろんのこと、Google ChromeやFirefoxなどのサードパーティー製ブラウザも、WebページのレンダリングにはWebKitを利用しています。

　クロスブラウザテストをしていると「通常のブラウザとiOS版ブラウザの挙動に違いがある」という事象にしばしば直面するかと思いますが、それはこのような事情に起因しています。

　このAppleのポリシーは、ユーザー体験の一貫性やセキュリティ、パフォーマンスの観点から設けられていますが、開発者やユーザーからは選択肢の制限に関する議論もあります[注6.7]。

注6.7　WebKitの義務付けに対する逆風が世界的に強まってきており、Googleが自社のBlinkエンジンを使用したiOSブラウザを開発中であると明らかにしたニュースは記憶に新しいです。

6.4.2　Playwrightのサポートブラウザ

ブラウザの基礎が理解できたところで、Playwrightがサポートするブラウザについて見ていきましょう。

Playwrightがサポートしているブラウザは**表6.2**のとおりとなります。なお、表中の「識別子」とはのちほど説明するブラウザのインストール時などに指定可能な、Playwrightで使用する識別子のことを指しています。

表6.2　サポートブラウザ一覧

ブラウザ	リリースチャンネル	識別子	デフォルトインストール
Chromium	-	`chromium`	○
Google Chrome	Stable	`chrome`	-
	Beta	`chrome-beta`	-
Microsoft Edge	Stable	`msedge`	-
	Beta	`msedge-beta`	-
	Dev	`msedge-dev`	-
Firefox	-	`firefox`	○
WebKit	-	`webkit`	○

○ Chromium

オープンソースのChromiumのコードベースをもとにPlaywrightがビルドしたブラウザとなります。

Playwrightは、デフォルトでChromiumをインストールし、これをGoogle ChromeやMicrosoft EdgeなどのChromiumベースのブラウザのテストのために標準的に使用します。

Chromiumの開発はChromeやEdgeよりも先行して行われるため、ユーザーが普段使うこれらのブラウザのバージョンアップ前にテストを実施し、不具合を早期に発見できるメリットがあります。

○ Google Chrome / Microsoft Edge

Chromiumビルドではなく、公式のGoogle ChromeおよびMicrosoft Edgeを使用することもできます。

ChromeはStableチャンネルとBetaチャンネルを、EdgeはStableチャンネル、Betaチャンネル、Devチャンネルをサポートしています。

先述のとおり、不具合を早期に発見するという目的のためにChromiumビルドの使用が通常は推奨されますが、次のようにこれらの商用ブラウザを使用するべきケースもあります。

- 現在公開されているChromeやEdgeに対してリグレッションテストを実施する必要がある場合
- Chromiumがサポートしていない特定のメディアコーデック（例：AACやH.264など）に関連するテストを実施する必要がある場合

○ Firefox

Playwrightが使用するFirefoxのバージョンは最新の安定版（Stable版）のFirefoxと一致しています。ただし、Playwrightは一般的に公開されているFirefoxのバイナリをそのまま使用するのではなく、テスト自動化を最適化するためにパッチを適用したバージョンを利用しています。

○ WebKit

Trunkビルド版（最新の機能や修正が含まれる開発版）のWebKitをレンダリングエンジンとして組み込み、Playwrightが独自にビルドしたブラウザとなります。

WebKitベースのSafariがWindowsでサポートされていないため、このブラウザはWindows上でも動作するWebKitブラウザとしてとくに重宝されます。自動テストに限らず、Windows上でWebKitの挙動を確認したい場合に、ヘッドフルモードで直接使用するという用途でも利用されています。

▌ 6.4.3　ブラウザのインストール

Playwrightがサポートするブラウザについて確認できたところで、次はブラウザの具体的なインストール手順を見ていきましょう。Playwrightを動作させるためには少なくとも1つのブラウザが必要であり、ブラウザはPlaywright CLIを使用してインストールできます。

○ デフォルトブラウザのインストール

次のコマンドを実行することで、Chromium、WebKit、Firefoxのブラウザがインストールされます。

```
$ npx playwright install
```

なお、`npm init playwright`などの初期化コマンドを用いてPlaywrightをインストールした場合は、Playwrightと併せてデフォルトブラウザもインストールされるため、明示的にこのコマンドを実行する必要はありません。

● 指定ブラウザのインストール

インストールしたいブラウザを引数で指定することで、指定したブラウザのみをインストールできます。

```
$ npx playwright install webkit
```

ブラウザの識別子は**表6.2**のとおりですが、次のコマンドでも確認できます。

```
$ npx playwright install --help
...
Examples:
  ...
  - $ install chrome
    # インストール可能なブラウザの一覧
    Install custom browsers, supports chromium, chrome, chrome-beta, msedge, msedge-
beta, msedge-dev, firefox, firefox-asan, webkit.
```

● 依存するシステムライブラリのインストール

次のコマンドを実行することでブラウザが依存するシステムライブラリも自動でインストールできます。これは、CI環境などクリーンな状態からPlaywrightの実行環境を構築する際に役立ちます。

```
# デフォルトブラウザの依存するシステムライブラリのインストール
$ npx playwright install-deps

# 指定ブラウザ（Chromium）の依存するシステムライブラリのインストール
$ npx playwright install-deps chromium
```

また、次のコマンドを実行することで、ブラウザのインストールと併せて依存するシステムライブラリを一コマンドでインストールすることができます。

```
# デフォルトブラウザおよび依存するシステムライブラリのインストール
$ npx playwright install --with-deps

# 指定ブラウザ（Chromium）および依存するシステムライブラリのインストール
$ npx playwright install-deps --with-deps chromium
```

6.4.4 ブラウザの設定

Playwrightでは、同一の設定で実行されるテストを論理的にまとめたグループを「プロジェクト」として定義し、プロジェクトごとに使用するブラウザを指定できます。

　プロジェクトの設定では、ブラウザの指定に加えて、画面の解像度やビューポートのサイズなど、より詳細な指定が可能です。これにより、デスクトップやモバイル端末など、特定のデバイスに合わせたブラウザ設定を実現できます。

　開発者は一から設定項目を指定してくこともできますが、**リスト6.14**のように事前に定義されたデバイスパラメータ[注6.8]を利用して、設定作業をより容易的に行えます。

リスト6.14　複数ブラウザの設定（playwright.config.ts）

```
import { defineConfig, devices } from '@playwright/test'

export default defineConfig({
  projects: [
    {
      name: 'chromium',
      use: { ...devices['Desktop Chrome'] },
    },
    {
      name: 'firefox',
      use: { ...devices['Desktop Firefox'] },
    },
    {
      name: 'webkit',
      use: { ...devices['Desktop Safari'] },
    },
  ],
})
```

　参考までに、デバイスパラメータの中身（**リスト6.15**）を見てみると、ブラウザの指定に加えて、ユーザーエージェントや画面サイズ、ビューポートのサイズなどが定義されていることがわかります。

注6.8　https://github.com/microsoft/playwright/blob/release-1.42/packages/playwright-core/src/server/deviceDescriptorsSource.json

リスト6.15 Desktop Chromeのデバイスパラメータ（deviceDescriptorsSource.json）

```json
{
  "Desktop Chrome": {
    "userAgent": "Mozilla/5.0 (Windows NT 10.0; Win64; x64) AppleWebKit/537.36 (KHTM
L, like Gecko) Chrome/122.0.6261.39 Safari/537.36",
    "screen": {
      "width": 1920,
      "height": 1080
    },
    "viewport": {
      "width": 1280,
      "height": 720
    },
    "deviceScaleFactor": 1,
    "isMobile": false,
    "hasTouch": false,
    "defaultBrowserType": "chromium"
  },
  (…略…)
}
```

なお、Google ChromeおよびMicrosoft Edgeを使用する場合は、channelプロパティにブラウザの識別子を指定する必要があります（リスト6.16）。

リスト6.16 Google Chrome / Microsoft Edgeを使う設定（playwright.config.ts）

```typescript
import { defineConfig, devices } from '@playwright/test'

export default defineConfig({
  projects: [
    {
      name: 'Google Chrome',
      use: { ...devices['Desktop Chrome'], channel: 'chrome' }, // or 'chrome-beta'
    },
    {
      name: 'Microsoft Edge',
      use: { ...devices['Desktop Edge'], channel: 'msedge' }, // or 'msedge-beta' or
'msedge-dev'
    },
  ],
})
```

6.4.5 複数ブラウザのテストを実行

ブラウザの設定が理解できたところで、リスト6.14の設定ファイルを利用してテストを実行してみましょう。

　Playwrightは定義されたすべてのプロジェクト（今回の場合は3プロジェクト）でテストを実行します。

```
$ npx playwright test

Running 3 tests using 3 workers

  ✓ [chromium] › example.spec.ts:3:1 › basic test (2s)
  ✓ [firefox] › example.spec.ts:3:1 › basic test (2s)
  ✓ [webkit] › example.spec.ts:3:1 › basic test (2s)
```

　特定のプロジェクトでのみテストを実行する場合は、テスト実行時に`--project`オプションでプロジェクト名を指定します。

```
$ npx playwright test --project=firefox

Running 1 test using 1 worker

  ✓ [firefox] › example.spec.ts:3:1 › basic test (2s)
```

6.4.6　ブラウザのエミュレーション

　ここまで見てきたとおり、Playwrightは`devices['Desktop Chrome']`のように、事前定義されたデバイスパラメータを利用することで、ユーザーエージェント、画面サイズ、ビューポートのサイズなどを設定し、特定の端末におけるブラウザをエミュレートできます。

　これらの設定項目は、一から細かく指定することも、事前定義されたデバイスパラメータの設定の一部を上書きすることもできます。具体的な例をいくつか紹介します。

●ビューポート

　ビューポートは事前定義されたデバイスパラメータに含まれますが、任意の幅と高さを明示的に指定できます（**リスト6.17**）。

リスト6.17 ビューポートの指定(playwright.config.ts)

```
export default defineConfig({
  projects: [
    {
      name: 'chromium',
      use: {
        ...devices['Desktop Chrome'],
        viewport: { width: 1280, height: 720 },
      },
    },
  ],
})
```

COLUMN

Playwright Test for VSCodeで実行するブラウザを指定するには

VS Codeの拡張機能であるPlaywright Test for VSCodeを使用してテストを実行する場合、テストランナーは設定ファイル内の先頭のプロジェクトをデフォルトの実行プロファイルとして選択します。

テストを他のブラウザや複数のブラウザで実行するには、テストのサイドバーから再生ボタンのドロップダウンをクリックして別のプロジェクトを選択するか、[Select Default Profile]をクリックしてプロファイルを変更します(図6.A)。

図6.A プロファイルの選択

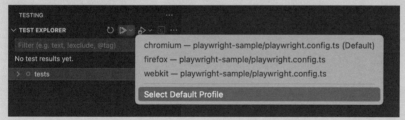

プロファイルの変更画面では、デフォルトで使用するプロジェクトを複数選択できます(図6.B)。

図6.B プロジェクトを複数選択

COLUMN

設定のスコープ

　本節で紹介している各種設定は、全プロジェクトに対するグローバルなスコープ、プロジェクトのスコープ、テスト実行時のスコープのそれぞれで定義できます（**リスト6.A～6.C**）。

リスト6.A　グローバルスコープ（playwright.config.ts）

```
export default defineConfig({
  use: {
    viewport: { width: 1280, height: 720 },
  },
})
```

リスト6.B　プロジェクトスコープ（playwright.config.ts）

```
export default defineConfig({
  projects: [
    {
      name: 'chromium',
      use: {
        ...devices['Desktop Chrome'],
        viewport: { width: 1280, height: 720 },
      },
    },
  ],
})
```

リスト6.C　テストスコープ（tests/example.spec.ts）

```
import { test, expect } from '@playwright/test'

test.use({
  viewport: { width: 1280, height: 720 },
})
```

● モバイル端末

　モバイル端末として、ビューポートの設定を解釈し、タッチイベントを有効化するかどうかを指定できます（**リスト6.18**）。

リスト6.18　タッチイベントの有効化（playwright.config.ts）

```
export default defineConfig({
  projects: [
    {
      name: 'chromium',
      use: {
        ...devices['Desktop Chrome'],
        isMobile: true,
      },
    },
  ],
})
```

● ロケールとタイムゾーン

任意のロケールとタイムゾーンを指定できます（**リスト6.19**）。

リスト6.19　ロケールとタイムゾーンを指定（playwright.config.ts）

```
export default defineConfig({
  projects: [
    {
      name: 'chromium',
      use: {
        ...devices['Desktop Chrome'],
        locale: 'en-GB',
        timezoneId: 'Europe/Paris',
      },
    },
  ],
})
```

● パーミッション

カメラやマイク、通知の使用に関する許可を指定できます（**リスト6.20**）。

リスト6.20　パーミッションの指定（playwright.config.ts）

```
export default defineConfig({
  projects: [
    {
      name: 'chromium',
      use: {
        ...devices['Desktop Chrome'],
        // 指定したパーミッションをブラウザに与えます
        permissions: ['notifications'],
      },
    },
  ],
})
```

○ ジオロケーション

特定の位置情報を指定できます。この設定を有効化するためにはブラウザの位置情報を許可する必要があります（**リスト6.21**）。

リスト6.21　位置情報の指定（playwright.config.ts）

```
export default defineConfig({
  projects: [
    {
      name: 'chromium',
      use: {
        ...devices['Desktop Chrome'],
        geolocation: { longitude: 35.6895, latitude: 139.6917 },
        permissions: ['geolocation'],
      },
    },
  ],
})
```

○ カラースキーム

ライトモード（light）、ダークモード（dark）、指定なし（no-preference）の3つの値を指定できます（**リスト6.22**）。

リスト6.22　カラースキームの指定（playwright.config.ts）

```
export default defineConfig({
  projects: [
    {
      name: 'chromium',
      use: {
        ...devices['Desktop Chrome'],
        colorScheme: 'dark',
      },
    },
  ],
})
```

○ ユーザーエージェント

ユーザーエージェントは事前定義されたデバイスパラメータに含まれており、ほとんどのケースにおいて変更する必要はありませんが、必要に応じて任意のユーザーエージェントを指定できます（**リスト6.23**）。

リスト6.23　ユーザーエージェントを指定（playwright.config.ts）

```
export default defineConfig({
  projects: [
    {
      name: 'chromium',
      use: {
        ...devices['Desktop Chrome'],
        userAgent: 'My user agent',
      },
    },
  ],
})
```

● オフライン

ネットワークをオフラインにするか指定できます（**リスト6.24**）。

リスト6.24　オフラインの指定（playwright.config.ts）

```
export default defineConfig({
  projects: [
    {
      name: 'chromium',
      use: {
        ...devices['Desktop Chrome'],
        offline: true,
      },
    },
  ],
})
```

　オフライン状態でのE2Eテストは、ネットワーク接続が利用不可能、または不安定な状況で、アプリケーションがどのように動作するかを評価するのに役立ちます。

　たとえば、アプリケーションが適切にオフラインモードに切り替わるか、ローカルキャッシュを利用して最後にロードされたデータを表示できるか、またはユーザーがオフライン時に行ったアクションを記録し、オンラインに戻った際に同期するかなどの挙動を確認できます。

　このようなテストは、とくにモバイルデバイス上での動作を前提としたWebアプリケーションや、地理的に不安定なインターネット接続を持つ地域で使用されるWebアプリケーションにとって重要です。

○ JavaScriptの有効化

JavaScriptを有効にするか無効にするか指定できます（**リスト6.25**）。

リスト6.25　JavaScriptの無効化（playwright.config.ts）

```
export default defineConfig({
  projects: [
    {
      name: 'chromium',
      use: {
        ...devices['Desktop Chrome'],
        javaScriptEnabled: false,
      },
    },
  ],
})
```

　この設定には、過去、セキュリティ上の理由やパフォーマンス、互換性の問題からJavaScript を無効にするユーザーがいた背景があります。それにより、JavaScriptが無効でも基本的な機能 が動作することを保証することが重要視されていました。

　現代ではJavaScriptの無効化は稀ですが、アクセシビリティやSEO対策、またはJavaScriptが ロードされる前の初期表示をテストするなどの目的で、JavaScriptの有効／無効化を切り替えて テストを行うことがあります。

6.5 まとめ

　テストの実践的なテクニックとして、スクリーンショットの撮影や認証が必要なページでのテ スト方法、テスト中に発生するネットワークのリクエストやレスポンスの監視、複数ブラウザで のテストやデバイスパラメータのエミュレーション方法といった、テストをする際に遭遇しやす い問題の解決に役立つ機能を紹介してきました。

　PlaywrightにはE2Eテストの実行に役立つ機能が他にも多数用意されています。テストで困っ た際には公式ドキュメントを確認してみると適した機能がみつかるかもしれません。

第 **7** 章

ソフトウェアテストに
向き合う心構え

|||||||||||||||||||||||||||||||

第5章で、他のソフトウェアテストと比べたE2Eテストの特徴などに
触れました。本章ではPlaywrightからはいったん離れ、そもそもソ
フトウェアテストとは何なのか?といったツールに限定しない一般的
なトピックについて触れていきます。まずは、テストの7原則を出発
点として掘り下げていきます。テスト（とバグ）の歴史はソフトウェ
アの歴史と同じくらいあり、効率よくテストを書く方法などは工学的
な手法としてまとめられています。テストは2000年ごろのアジャイ
ルブームで新しい観点で再構成されたこともあり、テスト由来の用語
とアジャイル由来の用語が混ざって運用されることも多くありました。
それらについても適宜補足していきます。

7.1 ｜ テストの7原則

　テストの7原則とは、古くは50年以上前から言われていたような、テストにまつわる経験則をコンパクトにまとめたものです。

- 原則1：テストは欠陥があることは示せるが、欠陥がないことは示せない
- 原則2：全数テストは不可能
- 原則3：早期テストで時間とコストを節約
- 原則4：欠陥の偏在
- 原則5：テストの弱化
- 原則6：テストはコンテキストしだい
- 原則7：「欠陥ゼロ」の落とし穴

　国際的なテスト技術の認定制度である「ISTQB」の基礎レベルのシラバスでも序盤に引用しています[注7.1]。テストを書く場合、テストを評価する場合に念頭に置くと良い原則です。すべてが本書の対象のE2Eテストに関わってくるわけではありませんが、役に立つ原則も多いため、確認しておくと良いでしょう。本章の中でも紹介はしていきますので、項目だけを見て、まずは内容を想像してみるのもおもしろいでしょう。

7.2 ｜ ソフトウェアテストの構成要素

　たとえば、ECサイトを作成したとしましょう。そのソフトウェアの品質をたしかめて、バグがないことを保証するにはどうすれば良いでしょうか？　ソフトウェアの中で起き得るすべてのパターンをテストすれば「問題がない」と胸を張って言えるでしょう。

注7.1　日本語翻訳が日本版ISTQBである「JSTQB」のWebサイト (https://jstqb.jp/syllabus.html#syllabus_foundation) で読めます。本書執筆時点の最新版は2023V4.0.J01です。また、ソフトウェアテストの書籍を何冊も執筆されている秋山浩一さんが解説をnote (https://note.com/akiyama924/n/n4369c192d69f) に書かれています。この解説は、現在の最新版である2023年版の1つ前となる2018年版がベースですが、読み替えは難しくありません。

　このECサイトは商品ごとに1,000個まで買える仕様だったとして、鉛筆を買う場合について考えてみましょう。1本のケース、2本のケース……と1,000までのケースをすべてテストすれば良いでしょうか?

　商品が1,000種類あったら、単品の購入だけで100万通りのテストが必要となります。種類を組み合わせて購入するケースならまだしも、もしも時間によって割引の条件が入る場合は、システムの寿命分すべての時間のテストが必要となるでしょう。全数テストをきちんと行うことが、品質において確実であることを示す究極の理想であったとしても、実際には不可能です。

　これが、テストの7原則の「原則2:全数テストは不可能」ということにつながります。そして、全数テストが不可能であるがゆえに、「テストは欠陥がないことは示せない」という原則1にもつながります。

　テストの7原則を踏まえたうえで、実際のテストをどのように設計していくかについて、以下3つに挙げる、ソフトウェアテストの構成要素に沿って見ていきます。

- テストレベル
- テストタイプ
- テスト技法

7.2.1　テストレベル

「テストレベル」は品質を上げていくためのテストを、いくつかのステップに分けたものです[注7.2]。

- コンポーネントテスト (ユニットテスト)
- コンポーネント統合テスト
- システムテスト (E2Eテストや一部の非機能テストを含む)
- システム統合テスト
- 受け入れテスト

ウォーターフォール開発では時系列に行っていく工程になりますが、ステップごとに達成すべきゴールも設定されています。

　アジャイル開発であれば、とくに最初の3つのステップは1つのイテレーションの中で同時並行的に行われるため、ウォーターフォール開発の工程とは一致しません。しかし、最終的に品質

注7.2　これら用語はISTQBで使われているものです。本書ではユニットテスト、インテグレーションテスト、E2Eテスト (手動も含む)、システムテスト、受け入れテスト、という用語を使っています。

の高いシステムを得るというゴールは同じであり[注7.3]、これらのテストレベルの目的を意識しておくことには価値があります。

E2Eテストが含まれるシステムテストでは、システムが使われるシナリオなどをベースに、きちんと期待した機能が提供できているかといったことをテストします。次のようなことを検知することが目的となります。

- システムの機能的または非機能的振る舞いが正しくない
- システム内の制御フローおよび（または）データフローが正しくない
- エンドツーエンドの機能的タスクが適切かつ完全に実行できない
- システムがシステム環境で適切に動作しない
- システムがシステムマニュアルおよびユーザーマニュアルに記載されているとおりに動作しない

それよりも前のステップのユニットテストやインテグレーションテストがきちんと行われていれば良いのですが、もしこの工程のテストを手動で行っている現場で、これから自動テストを新規に導入する、というケースの場合には「ソフトウェアが正しくユーザーに価値を提供できているか」を確認するための炭鉱のカナリアとして、E2Eテストは最初に導入することになるでしょう。

Playwrightの祖先であるSeleniumは、もともとアジャイルテストにおける「受け入れテストの自動化」を旗印にして開発されたものでした。アジャイルソフトウェア開発、とくに初期のXP（エクストリームプログラミング）は内製開発を想定したプロセスで、テストは開発者のテストと、受け入れテストの2種類しかなく、ユニットテスト以上は受け入れテストという扱いをされていました。

しかし受託開発であれば、受け入れテストは「検収」として重要なビジネス上のマイルストーンになります。また、B2Cの場合は探索テスト、UXのテスト、ゲームであれば世界観の監修なども含めてテスト専門部隊を用意してテストを行うといったことが一般的になっており、手動かつ人手とコストをかけて重厚に行うことが一般化しつつあります。もちろん、内製開発でそこには時間とお金がかけられない、というケースでは、システムテストと受け入れテストを兼用させることもはあるでしょう。

なお、各テストツールが提供する機能はこの区分とは必ずしも一致しない点には注意が必要です。第5章のテストピラミッドの説明で触れたように、E2EテストフレームワークのPlaywrightはどの領域にも使えます。

PlaywrightのE2Eテストは、本番相当のデータベース、バックエンドを備えた環境で実行すれば「システムテスト」の自動化と言えますし、システム発注者が検収の自動化にPlaywrightを使えば「受け入れテスト」になりえます。また、たとえば「部署選択プルダウンメニュー」というコンポーネン

注7.3　アジャイルの場合、要件が実際のビジネス価値を持つかどうかも仮説検証項目ですが、ウォーターフォールの仮説検証項目には含まれません。

トがあり、部署データをReduxのようなものでインジェクションしたりサーバモックで設定したりした状態でE2Eテストをすれば「メニューコンポーネントのユニットテスト」になります。

Playwrightなどのテストツールを使うことがゴールではなく、そのツールを使ってどのテストを行い、どの品質を満たしているのかを確認したいのか、ということを意識することが常に大切です。

7.2.2 テストタイプ

ISTQBでは、「テストタイプ」として以下の4種類がリストされています。

- 機能テスト
- 非機能テスト
- ブラックボックステスト
- ホワイトボックステスト

E2Eテストはブラックボックスの機能テストが主戦場になりますが、非機能テストの項目のうち、PlaywrightではUIの応答性をタイムアウトで表現できるため非機能テストが可能です。互換性も第6章「6.4 複数ブラウザでの動作確認」で紹介したように、複数ブラウザでの同時動作確認として検証できます。とはいえ、高負荷時のパフォーマンスやセキュリティ、障害時のリカバリーのしやすさなど、対応できない大項目のほうが多いので、別途、きちんとテストチームを編成して行うべきです。

ホワイトボックステストはカバレッジを考慮して行うテストです。「カバレッジ」はテストの中でどれだけのパターンを網羅しているかを計測するものです。ソースコードの行を通過したかどうか（C0）、条件分岐を全部通ったかどうか（C1）、条件分岐の組み合わせのパターンをいくつ実行したか（C2）と3種類あります。Playwrightも実行行のカバレッジを計測できるため、ホワイトボックステストもやろうと思えば可能です。しかし、コードが多く実行されていることと品質が高いことは必ずしも一致しません。Reactの場合はむしろ、JSXを実行行として行網羅（C0）でカウントするとかなりカバレッジが高く見えてしまい、テスト不足を覆い隠す結果にもなりかねません[注7.4]。

注7.4　品質管理部門などがシステムの特性などを考慮せずに、テスト密度やバグ密度などの数値だけを見てくる場合、その担当者を納得させるのにだけ効果はあると言えます。

確認テストとリグレッションテスト

　ISTQBでテストレベルとテストタイプの外で説明されているのが、確認テストとリグレッションテストです。確認テストは不具合が修正されたことを確認するテストです。リグレッションテストは、改修によって既存の機能に影響がないかや、過去にあった不具合が再発していないかどうかを確認するテストです。リグレッションテストは確認テストや既存のテストをすべてまとめたものと言えるでしょう。

　ユーザーから不具合の報告があった場合に、それを再現する確認テストを Playwright で実装しておくと、リグレッションテストとしても活用しやすくなります。Playwright はユーザー目線のテストであり、テストコード生成も備えているため、これら2つのテストは得意分野と言えるでしょう。

▌7.2.3　テスト技法

　テストの7原則の原則2は「全数テストは不可能」でした。しかし、不可能であっても、そこであきらめずに品質を保証する努力をしなければなりません。なるべく少ないテストケースで、十分な品質の確認をする手法が「テスト技法」です。乱暴な言い方をすると、効率よく手を抜く方法と言い換えられます。

　E2Eテストが対象とするブラックボックステストには以下のテスト技法があります。

- 同値分割法
- 境界値分析
- デシジョンテーブルテスト
- 状態遷移テスト
- ユースケーステスト

　他にも、ホワイトボックステストや経験ベースのテストのためのテスト技法もありますが、E2Eテスト実装者が優先して身につけておくべきテスト技法がこれらです。

● 同値分割法・境界値分析

　たとえば、ECサイトに、商品を10点買うと送料無料になり、1,000点までしか購入ができない仕様があるとします。システムの挙動が変わらない領域を見つけられると、その領域の中の1つのケースだけをテストすれば、他のケースはテストしなくても「おそらく大丈夫」と言えるでしょう。

- 商品数が負の数　→　エラーになるはず
- 商品数が0　→　カートから削除する
- 商品数が1～9個　→　送料が発生する
- 商品数が10個～1,000個　→　送料を無料にする
- 商品数が1,001個　→　エラーになる

　このような、挙動が同じになる領域を見分けてテストケースを絞る手法を「同値分割法」と呼びます。また、この挙動が変わる境界値を見つけることを「境界値分析」、その境界値前後をテストする方法を「境界値テスト」と言います。両方の手法は似ていますが、境界値テストの場合、商品数が1と9は挙動が変わる境界なので両方テストケースにすべきですが、同値分割法であればこの2つは同じ挙動なので1つで良いとなるため、多少の違いはあります。

● デシジョンテーブルテスト

　この同値分割法や境界値分析は、1つの事象に対するテストになります。1つの条件のセット数は減らせても、セット数自体が複数になると掛け算で組み合わせ数が増えていきます。

　たとえば、5パターンのセットが4つあったとすると、5の4乗で600通りを超えてしまい、同値分割する前の1つの事象と近いオーダーまで膨れてしまいます。デシジョンテーブルテストを使うことでこれを効率よく減らせます。

　仕様に、「商品数が負の数の場合はエラーになる」「VIP会員は1つだけでも送料無料になる」という条件が加わったとしましょう。このような条件を考慮すると、無料になるかならないかの条件は次の組み合わせをテストすれば良いとわかります。

- 商品数が負の数　→　エラーになる
- 商品数が1,001以上　→　エラーになる
- VIP会員である　→　送料を無料にする
- 一般会員が商品を9個未満購入　→　送料は有料
- 一般会員が商品を10個以上購入　→　送料を無料にする

これら条件の組み合わせをデシジョンテーブル（決定表）として書いたのが**表7.1**です。

表7.1　デシジョンテーブル(縦軸と横軸を逆に書く流派もあります)

	条件		結果	
	会員クラス	購入数	エラー	送料
パターン1	-	-1以下	あり	-
パターン2	-	1001以下	あり	-
パターン3	VIP	-	なし	無料
パターン4	一般	0-9	なし	有料
パターン5	一般	10	なし	無料

　デシジョンテーブル書くとき、すべての条件を考えられる限りの組み合わせで書く必要はありません。「ここは見る必要がない」という項目(表7.1の「-」セル)に着目して行をまとめることで組み合わせが減りますし、その項目が多いものをなるべく前に集めることで見やすくなります。

　これらの条件を整理するにあたっては、順序も大切です。「この場合はこれ以外の要素を検討する必要がない」という条件を洗い出すように整理します。まずはエラーになる条件を先に書きます。次は、VIP会員なら商品は1つでも送料無料、ということでこれも先になります。複数の要素が絡む条件などを整理する場合、とくにこの考えでソートすることが大切です。このようにしていくことで、複雑なロジックをシンプルな条件に絞り込み、検討すべきテストケースを減らすことができます。テストケースの抜けや漏れを防ぐうえで大切です。

　状態遷移テストについても、現在の状態と、そのときに発生するイベント、遷移先を、状態遷移図や状態遷移表にまとめておくことで、実は検討が漏れていて未定義の動作がシステムに存在していることなどが発見できます。また、遷移手順が複雑過ぎる、そもそも遷移するフローがないなど、ほかのさまざまな問題も発見できます。これにより、テストケースを効率よく整理・設計できたり、場合によっては仕様の抜け漏れを発見できたりします。

　デシジョンテーブルテストはユニットテストで条件網羅(C2)のカバレッジを上げるのによく活用されますが、複雑な条件のうち結果に着目することで、E2Eテストのケース数を減らすのにも活用できます。ユニットテストでは**表7.1**の5パターンをすべて網羅するテストを実装します。

COLUMN

テスト技法を理解すると設計力も上がる

　テスト技法はテストだけのものではありません。仕様が決まるとテスト技法を利用して必要なケース数が導き出されます。テスト技法が身につくと、仕様を見た瞬間、すばやくテストケースが思い浮かぶと同時に「あれ、このケースに関する仕様が漏れているのでは?」というのことにもイメージがつきやすくなります。加えて、コーディング力も高まります。

しかし、結果だけ見れば、エラー、有料、無料の3パターンです。E2Eテストではこの3パターンだけ扱えば (ユニットテストをしているのであれば) 十分でしょう。エラーチェック項目数が多い画面でケース数が大量にあっても、結果はエラーと正常の2つだけ、ということもあります。

● ユースケーステスト

ユースケースとは、システムの外部設計を表現する手法の1つで、UMLの中のユースケース図を用いて表現したもの、あるいはそれを表などにまとめたものです。ユースケーステストはブラックボックスの機能 (ユースケース) と、それを利用する・利用されるアクター(ユーザーや外部システム) の関連を整理します。

ユースケーステストにはシナリオテストも含まれます。シナリオテストはアプリケーションユーザーがシステムを行って何を得るのか、というテストで、E2Eテストが行っていることそのものです。

ユーザー以外の外部システムはシステムテストや受け入れテストレベルで考慮すべき内容となります。しかし、外部システムをモック化したE2Eテストを実装する場合、モックを設計するための要件はこのユースケースが情報源となるでしょう。

7.3 コード品質とは何か?

そもそもテストによって得たい「品質」とはなんでしょうか? だれのためのものでしょうか?

みなさんの手元にあるプロジェクトを開いてみてください。テストコードをまるごと削除すると、コードの挙動やパフォーマンスは変わりますか? 変わりませんよね? テストコードがなくてもソフトウェアの品質は保たれています。よってテストは品質ではありません。あくまでも品質はコードに宿るもので、テストはそれを発見するためのものに過ぎません。

とはいえ、これは静的な一面に過ぎません。ソフトウェアはさまざまな要因により変更されます。新しい要望が寄せられて機能が追加になったり、新しい不具合が発見されて修正が必要になったりします。そんなとき、テストによってコードの変更時に実装中の機能が正しく動くか、または他の機能を壊していないか確認する必要があります。

テストには手動のテストも自動のテストもありますが、どちらにしても、それを全部パスすることで「期待どおりに動いているコードである」という確認になります。テストが常時自動で行われていれば、開発中のどの断面でも正しいと判断でき、コードに対する信頼が得られます。開

発者は手元のコードの品質が保証されているため、自信を持って開発できます。

　自動テストであっても、手動テストであっても、必要なのは「こう動くべき」という仕様です。仕様がわからなければ動かしたあとに正しいかどうかがわかりません。ソフトウェアの「こう動くべき」ということを明文化することが大切です。大きな機能であれば要件定義の文章やデザインドキュメントなどからテストの項目が決まります。小さい機能であれば、最初からユニットテストを書いてしまい、テスト＝仕様書とすることもあります。

　仕様の明文化にはこれ以外にも、ASSERT（表明）をコードに埋め込む方法もあります。「こういう状態になるはずがない」「こういうパラメータは受け付けられない」という条件をコードに書いておきます。多くの処理系でASSERTはデバッグビルド時にのみ有効で、本番ビルドでは自動消去されるようになっています。テストはブラックボックスの外から行えるもののみで行い、外からテストしにくい内部状態の検証にASSERTを併用することもあります。

　どちらにしてもテストが行うのは問題の発見でしかなく、実際にコードが修正されて初めて、品質が向上します。

7.4 ┃ E2Eテストとユニットテストの 効率の良い棲み分け

　第5章ではテスト・ピラミッドを紹介しました。本書で扱うE2Eテストは、テスト実行時間がもっとも長くなるピラミッド最上段のテストです。いくら自動とはいっても、1つのテストケースの実行に数秒から数十秒かかるため、テスト数が3桁になると実行時間はかなり長くなり、コードを手元で数行変更するたびに実行するというのは現実的でなくなります。

　一方で、ピラミッド最下段にあるユニットテストは同じ時間で1桁から2桁多いテストケースを実行できますし、近年では変更したソースコードと関連のある行だけのテストを高速で再実行するしくみを備えたテストツールもあり、すばやくフィードバックを行うにはこちらのほうが適しています。

　E2Eテストのみですべてのテストケースを実行して品質を担保することは、テストの実装工数や実行時間の面で現実的ではありません。デシジョンテーブルテストでの説明の繰り返しになりますが、ユニットテストと補完しあうことで、効率とカバレッジを最大化できます。

　たとえば、ファイルアップロード後にメタデータを入力するファイル共有のシステムを作るとします。メタデータの入力フォームのバリデーションのテストが100通りあったとすると、すべてをE2Eテストで行うには、ログインし、ファイルのアップロードを行い、そのあとにエラーのあ

るケースの入力を行わせて期待どおりにチェックされるかを確認する、という処理が必要となります。しかし、バリデーションロジックそのものは事前にユニットテストでチェックしておけば、次の1ケースのテストだけ行えば、正しく組み込まれていることが確認でき、残りの99パターンについても正しく動くだろう、と期待できます。

1. ログイン
2. ファイルアップロード
3. 必須項目1つを除いて入力
4. 確定ボタンでエラー発生を確認
5. 残りの1項目も入力
6. 確定ボタンを押して正常終了を確認

E2Eテストに関しても、独立したアクションであればバラバラのテストケースにするほうが良いのですが、ユーザー目線で一連の連続したアクションであればまとめてしまっても良いでしょう。

ユニットテストはより厳格に、独立したテストケースを実装するのが良いとされています。1つのテストケースでは1つの事象のみを扱います。ユニットテストはArrange/Act/Assert (Given/When/Thenとも言われます) の3ステップで簡潔に実装するのが良いとされています。

- Arrange
  テスト対象のオブジェクト作成などの準備
- Act
  テスト対象となるアクション実行 (可能なら1メソッドの呼び出しだけが望ましい)
- Assert
  アクションの結果を検証

シナリオ的なコードになると、Act/Assertが繰り返されることになります。ユニットテストの場合、これは良くない設計とされます。

ユニットテストは高速に実行できるので、それに合わせて特殊なテスト手法がいくつかあります。

入力値の一部と結果の一部だけが異なり、プログラムの構造だけが異なるケースでは、パラメータ化テスト (コラム「パラメータ化テスト」参照) で入力値と結果のペアを配列で渡してテストをすることもユニットテストでは行われます。

同値分割法を行うときに「1〜100までの整数」という指定をすると、この特性に合わせた数値をランダムに選んで繰り返し (100回など) 実行し、エラーがあると、エラーが発生し得るもっともシンプルな入力値の組み合わせを自動算出してくれる「プロパティベーステスト」という手法

があります^{注7.5}。

　また、入力値をランダムにすることで、不測の入力に対し、バッファオーバーフローなどのセキュリティエラーにつながる問題が発生しないかをテストする「ファジングテスト」などもあります。

　このようなロジックの網羅はユニットテストに任せ、E2Eテストではシナリオベースのテストコードに特化するのが最適な分担です。

COLUMN

パラメータ化テスト

　パラメータ化テスト（Parameterized Test。テーブル駆動テストとも呼ばれる）はPlaywrightの公式ドキュメントでも触れられていて^{注7.A}、Playwrightでも可能ではありますが、基本的にはユニットテストに適した手法です。引数がちょっと違うだけのテストをたくさん書きたいのであれば、それはユニットテストで行うほうが良いでしょう。

注7.A　https://playwright.dev/docs/test-parameterize

7.5 ┃ テストコードの設計方針とリファクタリング

　E2Eテストに限らずですが、テストコードと実際のプロダクトのコードでは異なる設計方針が採られることがあります。また、テスト固有の方針もあります。本節では、テストコード固有の設計方針を紹介します。テストコードも、一定のタイミングでリファクタリングを行い、メンテナンス性を維持する必要があります。本節はそのための指標となるでしょう。

7.5.1　テストは単独で実行できるようにする

　基本的にテストコードは、独立して実行できるようにします。前のテストの結果を前提としたテストを書いてはいけません。Playwrightにはテストをスキップする機能や、特定のテストだけ

注7.5　Fred Hebert 著, 山口能迪 訳, 実践プロパティベーステスト, ラムダノート, 2023年.

を実行する機能があります。これを使うと、手元のコード修正後に実行する場合に、関心のある
テストだけをすばやく実行できますが、このときにテストの結果が変わってしまうと、テストが
おかしいのか、実装コードが間違っているのかの判断が難しくなります。どのテストも、独立し
て実行できるようにしましょう。

7.5.2 テストは単独で読めるようにする

テストコードを実装する場合は、ラップなどせずに、なるべくテスティングフレームワークが
提供する機能をそのまま利用します。特定のフォームの検証をメソッド化するなど、テストコー
ド自体を高度に構造化する必要はありません。たとえば、表示されるメッセージを定数リストに
まとめる必要もなく、直接テストコードを書いてしまうほうが良いです。

ソフトウェア開発では同じコードを3回書いたら共通化せよ、という「DRYの法則」がありま
すが、テストコードに限っては、「ログイン」などほとんどのテストで共通的に使われるロジック、
準備コード、片付けコード以外の共通化は不要でしょう。テストが単独実行できるのが大事であ
ることと同様に、単独でコードを読んで処理の流れを把握できることが大切です。

ちょっとしたパラメータ違いの検証コードが並んでいたとしても、コピー＆ペーストでどんど
ん作ってしまって問題ありません。第8章「8.3 再利用可能性」の「フィクスチャ機能を使った
メソッドの共有」で紹介する「Todoの追加」のような抽象度の高い操作として切り出せる場合は、
共通化して準備や片付けのコードで活用することに価値はありますが、テストコードの構造化は
アプリケーションコードよりも重要度が低い、ということは意識しておくべきです。

テストは、もしエラーが発生したら、そのテストだけを見て修正できることが大切です。テス
トの共通処理を直さなければならないが、影響範囲が広く多くのテストの変更が必要、というこ
とは望ましくありません。

テストの構造化、たとえば同じ準備ロジックや片付けの処理がある場合は、第5章で紹介した
`test.describe()`、`test.beforeEach()`、`test.afterEach()` などを使います。これらは単
なる共通化だけではなく、関連するテストをグルーピング化する、テストのための準備コードで
ある（Givenである）ことを表す、失敗時にも確実に後処理を呼ぶ、といった付加価値があるもの
です。構造化は、この機能で済む範囲にとどめましょう。

7.5.3 壊れにくいテストにする

テスト・ピラミッドの下層のほうのテストは、入力値が決まれば結果が必ず同じになるという、
決定論的なロジックを扱うことがほとんどです。一度作ったテストが何もせずに壊れるというこ

とは、そのロジックから呼ばれる遠い場所のコードの挙動が変わったなどの理由がない限り、ほとんどないでしょう。しかし、E2Eテストはちょっとしたことで、今まで成功していたテストが失敗することがあります。

- HTMLの特定のクラスの要素を選択するテストを書いていたが、同じクラスを持つコンポーネントが増えて、想定とは違うタグを拾ってしまった
- CSSやDOM構造をリファクタリングした結果、構造が変わってしまいテストが失敗するようになった
- ぎりぎりの時間で突破していたが、速度の遅いCIサーバで実行したり、データ量が増えたり、サーバの負荷が高まったりでレスポンスが遅れ、タイムアウトしてエラーになってしまった

　E2Eテストのフレームワークは人間と同じように画像を認識してテストしているわけではなく、生成されるDOM構造でテストします。仮に同じ見た目だったとしても、構造が違っていたら正しく処理できません。第3章のロケーターの説明で触れたように、より抽象度の高い表現で記述することで壊れにくくなります。

　また、第4章「4.4　リトライの挙動」で説明したように、処理待ちについて、時間を即値で指定して待つというテストもやめましょう。Playwrightが提供するタイムアウト機能を効率よく使って、画面の変更などにリアクティブに対応するテストを書いていくことでタイムアウトでの失敗も減っていきます。

7.6 | モックとの付き合い方

　テスト時に外部のモジュールを置き換えてテストすることがあります。このモジュールは単純に「モック」と呼ばれることが多いのですが、ソフトウェアテストの用語[注7.6]で言えば、大きくは「テストダブル」と呼ばれます。その中で特性ごとにいくつかの概念があります。

- スタブ
  機械的に応答するもので、基本的にはレスポンスとしてOKだけを返すような実装に対して使

注7.6　『xUnit Test Patterns』(Gerard Meszaros 著, ddison-Wesley Professional, 2007.) という本で定義されている用語。マーチン・ファウラー氏による解説 (https://martinfowler.com/articles/mocksArentStubs.html) もあります。

われる

- **モック**
「このようにレスポンスを返す」というのをプログラミングされたもので、同じ関数でも、2回目は別のレスポンスを返す、といった定義をする

- **スパイ**
テスト対象のモジュールと、テストダブルの通信を記録しておくもの。あとでテストコードの中から通信内容を検証する

- **フェイク**
別の実装。たとえば、Amazon S3やGoogle Cloud StorageのようなBlobストレージの代わりにローカルのMinIO[注7.7]を使ったり、本番のAmazon Auroraデータベースの代わりにローカルのPostgreSQLやMySQLを使ったりするようなもの

Webフロントエンド開発で使われるテストダブルライブラリのSinonや、Sinonを裏で使っているVitestはこのあたりを細かく分類したAPIを提供していますが、PlaywrightやJestはまとめてモックと呼んでいます。

モックやスパイは、テスト対象のモジュールが外部のモジュールに対してどのようなリクエストを行うのかのインタラクションをテストする場合には便利です。どのような順番でどのようなインタラクションが発生するかを正確に記述してテストできれば、モジュールの品質はかなり上がることが予想できます。しかし、そのためには外部モジュールの動きを正確にプログラミングする必要があり、そこを失敗すると品質が上がらないどころか、結合したタイミングで原因がわかりにくい問題が発生します。また、外部モジュールの動きが変わったりしたときに検知が遅れることもありえます。

このようなトレードオフがあるため、テスト駆動開発にはざっくりいうと、モックを積極的に使う派（ロンドン学派）とあまり使わない派（デトロイト学派、古典派）があります。

モックを使う場合ですが、どこをモックするのか、というところにも選択肢があります。

- fetch()をモックし、fetch()から返すResponseオブジェクトをプログラミングする
- ネットワークをモックし、リクエストとレスポンスのバイト列をプログラミングする
- Web APIをモックし、レスポンスのJSONをモックする

お勧めは、なるべく粒度の大きい単位のモックです。プログラム内のモジュールのモックは、ホワイトボックス的になりがちで、コードを見ても実装の知識がないと読み解けないテストコードになります。また、あまりにも低水準な通信だと、ちょっとした変化、たとえばヘッダの順番

注7.7 　https://min.io

が変わっただけでエラーになるなど、細かい挙動の変化でテストが壊れやすくなります。

Web APIレベルのモックには、いくつかの便利なライブラリがあります。Playwrightは第6章で触れたようにcontext.route()を提供しており、ネットワークをフックしてレスポンスを書き換えられますし、Mock Service Workerのような便利なライブラリもあります。より高水準なコードで、サーバ側の動きを指定できます。少ないコード量でテストダブルが準備でき、あとから読んでも挙動がわかりやすいというメリットがあります。

そもそも、モックではなく、なるべくフェイクを積極的に使うようにすると、細かい動きのプログラミングは不要になります。たとえば、本番データベースがAmazon Auroraであれば、ローカルでPostgreSQLやMySQLなどを使うことで、ほぼ本番と同じ機能が利用できます。モックを第一の選択肢にするケースとしては、代替実装が利用できないSaaSサービスや、狙って挙動を再現するのが難しいエラーのレスポンスを作り出したい場合があります。

7.7 E2Eテストの投資対効果を上げる

今のプロジェクトが受託案件のウォーターフォール型の開発で、受け入れテストを最後に1回だけ行うスケジュールになっていたとします。このようなケースに限定すると、残念ながら、E2Eテストの実装にかかる時間はそれによって節約できる時間よりも大きくなってしまいます。やってみるとわかりますが、手動でボタンを押して正しく動くかを一度だけ試す時間は、その自動テストを書いて動かして検証する時間よりも短いです。毎晩テストを流すなど、何度も実行しないとペイしません。アジャイル開発を採用していてイテレーションを何度も繰り返す場合には、投資対効果が良くなります。

ではウォーターフォール開発ではE2Eテストをやらないほうが良いのでしょうか？　ウォーターフォールだからといって、すべての画面やモジュールが同じタイミングで一斉にできあがるわけではなく、日々完成したモジュールを統合していくので、実装フェーズのあとにテストを作成するのではなく、実装しながら書いていくのであれば、インテグレーションテストとして実装することには意味があります。また、大きな開発プロジェクトであれば、そのあとの運用もすることになるため、E2E自動テストを整備しておくことには価値があります。もちろん、最初からE2Eテストを成果物や作業スコープの頭数に入れておいて、開発費をもらって実装できればベストです。

リターンの大きさ（実行回数）が同じでも、実装コストが減れば損益分岐点は下がります。本

章ですでに説明したトピックも、大きくはここに効いてきます。

- ユニットテストでカバーできる範囲はなるべくそちらで行い、E2Eテストは代表的な正常ケース、エラーケースのテストに限定する
- モック（テストダブル）の利用においては、互換のある代替ソフトウェアをフェイクとして活用する、Web APIなどの高水準な部分でのモックに限定するなど、頑張り過ぎないようにする
- レコーディング機能や、コード生成を活用し、実装の手間を減らす

　もちろん、基幹システムなど停止時の影響が大きいシステムの場合、どんなに大きなコストをかけてでも品質を上げたい、というケースもあるでしょう。ランダムテスト[注7.8]をしたり、デシジョンテーブルを見ながら漏れなくテストを書いていったりすることもあるでしょう。サーバ通信のモックも、細かいケースを含めて網羅させて検証する、という場合もあります。

　この領域はビジネス判断になるため、「これが正解です」というのはありませんが、どのような

注7.8　第8章「8.1　ランダムテスト」でPlaywrightを使った実装例を紹介します

COLUMN

テスト自動化の8原則

テスト自動化研究会が作成したテスト自動化の8原則[注7.B]というものがあります。

1. 手動テストはなくならない
2. 手動で行って効果のないテストを自動化しても無駄である
3. 自動テストは書いたことしかテストしない
4. テスト自動化の効用はコスト削減だけではない
5. 自動テストシステムの開発は継続的に行うものである
6. 自動化検討はプロジェクト初期から
7. 自動テストで新種のバグが見つかることは稀である
8. テスト結果分析という新たなタスクが生まれる

これはE2Eテストにも当てはまり、E2Eテストの費用対効果を上げるうえで役立ちます。たとえば、現時点で不具合が多く動きが悪いプログラムがある場合、いきなり自動テストを作成するのではなく、まずは人力でたくさん動かして問題箇所を洗い出すほうが良いでしょう。問題を発見してからそれを再現するテストを作成するなど、的を絞って作成していくべきです。

注7.B　https://sites.google.com/site/testautomationresearch/test_automation_principle

状況でもベストを尽くせるように、選択肢を増やしておくのが良いでしょう。

7.8 まとめ

　ソフトウェアテストはエンジニアリングです。同じ検証をするのであれば少ないテストケース数でカバーできるほうが優れたテストとなります。テスト技法はそれだけで単独の書籍になるほどの分野であり、本書で説明したのはほんの入門部分です。

　E2Eテストは万能ではないため、実装効率や実装時間の面で効率の良いテストを作成するうえでは、ユニットテストとの役割分担は不可欠です。それぞれのテストの違いを理解したうえで、どちらでテストを行うべきかが判断できる目を鍛えるには時間がかかるかもしれませんが、手を動かせば動かすほどに鍛えられていきます。

第 **8** 章

E2Eの枠を超えた
Playwrightの応用例

|||||||||||||||||||||||||||||||||

本章ではPlaywrightの実験的な機能であるコンポーネント単位での
テストや、E2Eテストの記述が進んだあとにメンテナンスコストの軽
減を図るための考え方など、より応用的な例を紹介していきます。

8.1 ランダムテスト

　これまでの章で述べてきたテストは「あるべき姿」の仕様をもとに組み合わせを考慮したテストです。正常系がきっちりと定義でき、ユーザーがマニュアルをきちんと読んでそれ以外の操作をすることがあまりないことが期待されるような社内システムなどであれば、これで多くの問題が潰せるでしょう。しかし、コンシューマー向けのアプリなど、マニュアルの確認を強制できない場合には、想定外の処理が行われてテストケースから漏れていた不具合が検知されることもあります。こういった場合には、ランダムに入力を与えて問題が発生しないか確認する方法もあります[注8.1]。

　ユニットテストの枠組みに近い粒度で行うテストには、ファジングやプロパティベーステストがあります。ファジングでは完全にランダムな入力を作って与えます。おもにセキュリティの問題につながるようなロジックの穴がないかを検出するのに使います。プロパティベーステストは、入力値の特性のルール付けを行うと、そのルールにあったテストケースをランダムに作ってくれます。

　E2Eテストの文脈ではランダム打鍵テストや、モンキーテストと呼ばれるものもあります。ただし、この手のランダムなテストは、時間を長くかけても実際の問題に当たる打率は高くありません。バグによっては同じ手順を踏んでも出たり出なかったりすることもあります。バグの確率が0.5%だとすると、人力で同じテストを100回やっても、検知できないこともありえます。ゲームの分野では、バグを検知するために夜間に自動でゲームをプレイするしくみを作った事例などがありますが、Playwrightを使うことでWebシステムでも同様のしくみを構築できます。

　ランダムに入力を与えて検証を行うテストでは、「この動作が正解」というものをテストすることはできません。実体の代わりに null が入った変数のメソッドを呼ぶといった、想定外のバグがないかの検証用であるため、いくらランダムにシステム全体を検証できたとしても、E2Eテストの代わりにはなりません。

8.1.1　ランダムにリンクをクリックするテスト

　Playwrightでは画面に対して機械的に操作を行っていくようなテストを行います。通常は操

注8.1　世のテスターと呼ばれる人の中には、システムの「秘孔」をついてエラーを出すのが得意という人がいます。そのような人たちが、他の人とどのように違う視点でシステムを見てテストを行っているかについては、おそらくまだ研究などがされていない領域です。

作後に想定しているような表示になっているかを確認しますが、表示の確認をせず、ランダムに操作をして例外エラーが発生しないかやリンク切れが発生していないかを確認するようなテストも行えます。

例として、ページ内のaタグをランダムにクリックするテストを書いてみましょう（**リスト8.1**）。

リスト8.1　aタグをランダムにクリックするテスト

```
import { test, expect } from '@playwright/test'

test('リンクをランダムにクリック', async ({ page }) => {
  await page.goto('https://example.com')
  for (let index = 0; index < 100; index++) {
    await expect(page).toHaveURL(/example.com/)
    const $links = await page.locator('a[href^="/"]')
    const linksLength = await $links.count() - 1
    await $links.nth(Math.floor(Math.random() * linksLength)).click()
  }
})
```

ブログのようなページに対してリンクをランダムに何度もクリックさせるテストを行うことで、リンク切れとなってしまったURLが見つかる可能性があります。

Webアプリケーションの場合はボタン要素をクリックするようなテストを行うと良いでしょう（**リスト8.2**）。

リスト8.2　ボタン要素をランダムにクリックするテスト

```
import { test } from '@playwright/test'

test('ボタンをランダムにクリック', async ({ page }) => {
  await page.goto('/')
  for (let index = 0; index < 100; index++) {
    const $buttons = await page.getByRole('button')
    const buttonsLength = await $buttons.count() - 1
    await $buttons.nth(Math.floor(Math.random() * buttonsLength)).click()
    await page.keyboard.press('Escape', { delay: 100 })
  }
})
```

注意点としては、Playwrightでボタン要素を抽出する際にダイアログの後ろで表示されているボタンも候補に入ってしまうため、ダイアログのような画面を覆う要素を含む画面では、ボタンを押したあとに Esc キーを押してダイアログを閉じる処理を書いておく必要があります。

8.2 | コンポーネントのテスト

　最近ではWebサイトを作成する際に、ReactやVue.jsのようなコンポーネントベースのフレームワークを用いる場合が多くあります。そうしたフレームワークを用いて作成する環境に向けて、Playwrightには各コンポーネントをテストするしくみも用意されています[注8.2]。執筆時点では実験的なサポートとして公開されていますが、この機能を利用すると、個々のコンポーネントに対して、表示されているかどうかや操作を行えるかどうかを確認できるようになります。スコープとしてはユニットテストとE2Eテストの中間の立ち位置のインテグレーションテストになるでしょうか[注8.3]。

　これにより、テストの自動化を行いにくいコンポーネントに対して適切なスコープでのテストを行えます。コンポーネントベースのフレームワークを用いている場合には、コンポーネント単位でのテストを追加できないか検討してみましょう[注8.4]。

　現段階では以下のフレームワークに対して、各コンポーネントをテストするしくみが用意されています。

- React
- SolidJS
- Svelte
- Vue.js

8.2.1　インストール

　コンポーネントに対するテストを行う場合には、E2Eテストとは異なるパッケージが必要となるためインストールします。インストールすると、パッケージとサンプルのファイルが配置されます。

```
$ npm init playwright@latest -- --ct
```

注8.2　https://playwright.dev/docs/test-components

注8.3　ユニットテストを指して「コンポーネントテスト」と呼ぶ文化がソフトウェアテストの界隈にはあります。Reactといったフレームワークのコンポーネントに対するテストと取り違えないよう注意しましょう。本節で扱うのはWebフロントエンドフレームワークの構成部品のコンポーネントのテストで、分類上はインテグレーションテストです。

注8.4　コンポーネント単位のテストを行うライブラリとしては、JestやTesting Library、Vue.js向けのVue Test Utilsなどがあります。また、Storybookなどのコンポーネントカタログでテストを行う場合もあります。余裕があれば使い比べてみましょう。なお、E2Eテストに合わせてPlaywrightに統一しておくと、コンポーネントをテストする際の記述スタイルをE2Eテストに合わせることができます。

テストの実行は以下のコマンドで行います。

```
$ npm run test-ct
```

8.2.2 コンポーネントに対するテストのメリット／デメリット

Playwrightでコンポーネントのテストをする際には、コンポーネントをブラウザ上にレンダリングしたあとに、コンポーネントの表示状況や操作が実行できるかどうかの確認が行われます。実際のブラウザ環境でコンポーネントがレンダリングされるため、ビジュアルリグレッションテストも可能です。

コンポーネントに対するテストのメリットとしては、個々のコンポーネントに対してテストができるので、E2Eテストと比べてスコープを縮められることがあります。とくに必須入力項目やバリデーションを含むフォームのような複雑なコンポーネントに対して、最低限のスコープでテストを行うことができます。複雑な分岐を持つコンポーネントをテストしたい場合に、コンポーネントにだけフォーカスをして効率的にテストを行うことができるのは大きなメリットです。

コンポーネントのレンダリング結果をテストの結果に含めることもできます。これによりクラス名やDOMの変更があった際にエラーとして検出されます。ただ、依存しているコンポーネントライブラリ内の変更があったときにもエラーとして検出されてしまうため注意が必要です。組み込まれたコンポーネントのクラス名が変わったり、DOM構成が変わったりした際にエラーとなります。また、styled-componentsなどのCSS-in-JSライブラリのアップデートでもクラス名のハッシュが変わり、エラーとなる可能性があります。

これを逆手に取り、レンダリング結果を含めたコンポーネントのテストを書き、依存しているコンポーネントライブラリに変化があったことを検知するというテクニックもあります。

レンダリング結果のテストはプロジェクトの特性によって導入するかしないかを考えてみましょう。

コンポーネントに対するテストのデメリットとしては、ユニットテストと比べて実行時間が長くなることです。とはいえ、E2Eテストと比較すると実行時間は短くなります。ユニットテストでは確認できないがコンポーネント単位であれば確認できるものに対しては、コンポーネント単位で確認しておくと良いでしょう。

Playwrightのコンポーネントに対するテストは、操作が実行できているかを確認するための定期的なテストに向いたしくみとなっています。Jestでコンポーネントごとにテストをすでに行っている場合は、書き方に共通する部分も多いため、コードを流用してテスト結果を視覚的に確認できるPlaywrightへの移行も検討してみましょう。

8

8.2.3　コンポーネントに対するテストのサンプル

　例としてブログのページャーコンポーネントをテストしてみましょう。**リスト 8.3**では現在いるページと全体のページ数からリンクが意図したように生成されているかを確認しています。

リスト8.3　ページャーコンポーネントのテスト

```
import { test, expect } from '@playwright/experimental-ct-react'
import Pager from './Pager'

test.use({ viewport: { width: 800, height: 500 } })

test('先頭ページでの表示', async ({ mount }) => {
  const component = await mount(
    <Pager
      total={100}
      page={1}
      perPage={10}
      href='https://example.com'
      asCallback={page => `https://example.com/page/${page}`}
    />
  )
  await expect(component).toContainText('1')
  await expect(component).toContainText('2')
  await expect(component.getByRole('link')).toHaveAttribute('href', 'https://example
.com') // `2` のリンク
})

test('2ページ目の表示', async ({ mount }) => {
  const component = await mount(
    <Pager
      total={100}
      page={2}
      perPage={10}
      href='https://example.com'
      asCallback={page => `https://example.com/page/${page}`}
    />
  )
  await expect(component).toContainText('1')
  await expect(component).toContainText('2')
  await expect(component).toContainText('3')
  await expect(component.getByRole('link').first()).toHaveAttribute('href', 'https:/
/example.com') // 1 のリンク
  await expect(component.getByRole('link').last()).toHaveAttribute('href', 'https://
example.com') // 3 のリンク
})
```

コンポーネント単体のテストにあたってとくに言及すべきは '@playwright/experimental-ct-react' をインポートしていることです。E2Eテストの場合は '@playwright/test' をインポートしますが、コンポーネントのテスト時にはコンポーネント用に用意されたテストツール群をインポートする必要があります。

また、test関数の第2引数の関数内でmount()を取得し、await mount(<Component>)としています。mount()関数でコンポーネントをマウントすると、コンポーネントのレンダリング結果を取得できます。

コンポーネントのレンダリング結果に対して、toContainText()やtoHaveAttribute()などを用いて、意図した文字が表示されているか、リンクとして用意したaタグに意図したhrefが含まれているかを確認しています。

8.2.4　コンポーネントに対するビジュアルリグレッションテスト

第5章で行ったようなビジュアルリグレッションテストをコンポーネントに対しても行えます[注8.5]。コンポーネントのスクリーンショットやスナップショットを比較することで、コンポーネントの見た目の変化を検証できます（リスト8.4）。

リスト8.4　ページャーコンポーネントのビジュアルリグレッションテスト

```
import { test, expect } from '@playwright/experimental-ct-react'
import Pager from './Pager'

test.use({ viewport: { width: 800, height: 500 } })

test('Visual comparisons example test', async ({ mount }) => {
  const component = await mount(
    <Pager
      total={100}
      page={3}
      perPage={10}
      href='https://example.com'
      asCallback={page => `https://example.com/page/${page}`}
    />
  )
  await expect(component).toHaveScreenshot()
})
```

コンポーネントのテストは可能な限り値や属性を確認して行うべきですが、画像を生成するケー

注8.5　https://playwright.dev/docs/test-snapshots

スやコードハイライターなどの複雑なDOMを持つコンポーネントに対しては、ビジュアルリグレッションテストのほうが向いている場合があります。

　コンポーネントのビジュアルリグレッションテストの場合も、初回実行時に比較対象のデータを作成し（ただし比較対象が存在しないということでエラーになる）、2回目以降は生成されたデータと比較することで検証します。

　比較対象のデータは ./__snapshots__ に保存されます。コンポーネントの変更をしたあとに比較対象のデータを更新する場合は、テスト実行時に --update-snapshots を引数に追加して実行してください。

```
$ npm run test-ct -- --update-snapshots
```

　ビジュアルリグレッションテストはとくに壊れやすいテストです。全体に影響するCSSを少し調整しただけで、すべてのビジュアルリグレッションテストにエラーが発生する可能性があります。そのため、ビジュアルリグレッションテストを行う際は他からの影響を受けにくい部分に対して、最低限必要なもののみとすることを推奨します。

8.3 ｜ 再利用可能性

　E2Eテストをある程度自動化して運用してみると、E2Eテストの壊れやすさに気がつくと思います。継続的にE2Eテストを行っていくと、おそらく想定以上に、動かなくなるE2Eテストは増えていくでしょう。

　たとえば機能の追加や文言の修正、レイアウトの変更、操作フローの変更など、理由はさまざまかと思いますが、何かしらの変更があるたびにE2Eテストは壊れていってしまいます。また、外部ライブラリの更新によるDOM構造の変化などによっても動かなくなることがあります。E2Eテストはスコープが広い分、変更に影響を受けやすくなっています。そのため、E2Eテストを継続的にメンテナンスしていくためには、壊れた箇所の修正をなるべく楽にすることを考えていく必要があります。

　もちろん、E2Eテストはシナリオベースのテストにとどめ、ロジックの網羅はユニットテストとして棲み分けをしていくことも重要です。

8.3.1 テストの流れを把握しやすくする

PlaywrightでのE2Eテストは画面に対する操作を順に書いていきます。しかしながら、操作を記述するタイプのコードにありがちなこととして、あとから読み返したときにどこで何をしているのかがわかりにくいという難点があります。

どのような画面で、どのタイミングで、何のためのボタンをクリックしている想定なのか。テストを記述しているときには頭の中でつながっていても、1年後に確認したときにはあやふやな記憶となってしまっているでしょう。

とくに、テストがエラーで止まったときにどこで止まったのか、何が原因で止まったのかがわかるようにしておきましょう。テストコードの生成機能を使っているときはこの部分が弱く、エラーが出たそのときに、何をしようとしてどこまで進み、何が原因で止まったのかを把握できないことが多々あります。

例としてTODOアプリに対するE2Eテストを、生成したコードで行ってみます（**リスト8.5**）。TODOアプリを操作して、TODOを追加したのち、それぞれのTODOを削除しました。

リスト8.5 Playwrightで生成したテスト

```
import { test, expect } from '@playwright/test'

test('test', async ({ page }) => {
  await page.goto('http://localhost/')
  await page.getByPlaceholder('TODOを入力').click()
  await page.getByPlaceholder('TODOを入力').fill('todo1')
  await page.getByRole('button', { name: '追加' }).click()
  await page.getByRole('button', { name: '×' }).click()
})
```

このような機械的に生成されたコードは作成直後であれば流れが把握できるでしょうが、しばらくするとどのような操作をしたのかがわからなくなってしまいます。以下で紹介しているようなことを考慮しつつ、コードをしばらく後で読みなおしたときにテストの流れがわかりやすくなるようにしていきましょう。

● テストケースの意図を記述する

まずはテストケースの説明をちゃんと書きましょう。test('test')などのようにせず、test('Add and Delete all TODOs')やtest('TODOの追加と削除')のように、どういった目的のテストケースなのかを具体的に記述しましょう。

何を確認するために用意したテストケースなのかがわからなくなってしまうと、テストを動か

す意味も薄れてしまいます。一目でわかるようにしておきましょう。

　そして、1つのテストケースで確認する事柄はなるべく1つに絞りましょう。同じ画面にあるからと1つのテストケースであれこれチェックするようなテストを書くと、テストが失敗してしまったときに何に失敗したのかを把握しづらくなります。複数の項目が詰め込まれたケースからエラーの出る操作を絞り込むのは大変です。テストに失敗したときにどういったエラーが出たのかを把握しやすくなるようなテストを書くことを心掛けましょう。

● テストを構造化する

　第5章でも紹介しましたが、beforeEach()やbeforeAll()、afterEach()、afterAll()のように、テスト実行の前処理や後処理を別に記述する方法が用意されています。テストケースを書く際には、テストそのものと前後処理を分けてテストの構造化を行いましょう（**リスト8.6**）。

リスト8.6　beforeEach()の利用サンプル

```
import { test, expect } from '@playwright/test'

test.beforeEach(async ({ page }, testInfo) => {
  await page.goto('http://localhost/')
})

test('TODOの追加と削除', async ({ page }) => {
  await page.getByPlaceholder('TODOを入力').click()
  await page.getByPlaceholder('TODOを入力').fill('todo1')
  await page.getByRole('button', { name: '追加' }).click()
  await page.getByRole('button', { name: '×' }).click()
})
```

● コメントを付ける

　意図や動作の流れがわかりにくいテストコードは往々にして発生してしまいます。たとえば、DOM要素を指定するためにセレクタが入ってくると、コードが煩雑になりがちです。ロールやデータ属性などで指定できれば良いのですが、動的に追加される要素や外部ライブラリが作成した要素を指定する場合に、nthや>を長々とつなげてセレクタを指定せざるを得ないこともあります。

　そこで、ここで何をしようとしているのか、どの状態に持っていくための操作なのかを文章で書いておくと、何が起きているのかを把握しやすくなります。操作を把握しにくい場合は // todo1 を追加、// アイテムの確認などのコメントを書いておくだけでもあとあとの助けになるでしょう。

● 再利用される操作を関数にする

　第7章では、テストは下手に共通化しないほうが良いと説明しましたが、ある程度まとまった、

込み入った操作を何度もしている場合には、関数として切り出して再利用できるようにしても良いでしょう。関数として宣言しておくことで、何度も行われる特殊な入力やデータの確認処理などをシンプルに書くことができます。**リスト8.7**では、TODOを複数追加する`addTODOs()`と、TODOを全削除するコマンドとして`removeAll()`を定義しました。

リスト8.7 操作の関数化

```
import { test, expect } from '@playwright/test'

// TODOを追加する関数
const addTODOs = async ({ page }, texts: string[]) => {
  for (const text of texts) {
    await page.getByPlaceholder('TODOを入力').click()
    await page.getByPlaceholder('TODOを入力').fill(text)
    await page.getByRole('button', { name: '追加' }).click()
  }
}
// 残っているTODOをすべて削除する関数
const removeAll = async ({ page }) => {
  while ((await page.getByRole('button', { name: '×' }).count()) > 0) {
    await page.getByRole('button', { name: '×' }).first().click()
  }
}

test.beforeEach(async ({ page }, testInfo) => {
  await page.goto('http://localhost/')
  await addTODOs({ page }, ['todo1', 'todo2', 'todo3'])
})

test.afterEach(async ({ page }) => {
  await removeAll({ page })
})

test('最後に追加したTODOを削除', async ({ page }) => {
  await page.getByRole('button', { name: '×' }).last().click()
})
```

再利用される回数の多い複雑な操作であれば、関数としてまとめておくことでテストコードは書きやすくなります。また、変更時には関数にまとめられている箇所だけの修正で済みます。とはいえ、高度に構造化すると読みにくくなる原因にもなりますので、関数としてまとめる場合はほどほどにしておきましょう。

○ フィクスチャ機能を使ったメソッドの共有

複数テストファイルで同じ対象に対して同様の操作をする場合には、フィクスチャ機能を使ったメソッドの共有を使えます[注8.6]。第5章で説明したように、Playwright はフィクスチャという設計指針を基に作られています。フィクスチャ機能を使うことで、各テストの環境をテストの実行ごとに分離しつつ構築し、テストに必要なものだけを利用できます。これまで使ってきた test() を独自に拡張して、テスト対象のページを操作することにより特化した test 関数を作成できます。

リスト8.7 のテストをフィクスチャ機能を用いて書き換えてみましょう（リスト8.8、8.9）。

リスト8.8　TodoPage のテストを支援する TodoPage フィクスチャ

```
import type { Page, Locator } from '@playwright/test'

export class TodoPage {
  private readonly deleteButtons: Locator

  constructor(public readonly page: Page) {
    this.deleteButtons = this.page.getByRole('button', { name: '×' })
  }

  async goto() {
    await this.page.goto('http://localhost/')
  }

  async addTODOs(texts: string[]) {
    for (const text of texts) {
      await this.page.getByPlaceholder('TODOを入力').click()
      await this.page.getByPlaceholder('TODOを入力').fill(text)
      await this.page.getByRole('button', { name: '追加' }).click()
    }
  }

  async removeAll() {
    while ((await this.deleteButtons.count()) > 0) {
      await this.deleteButtons.first().click()
    }
  }
}
```

注8.6　https://playwright.dev/docs/test-fixtures

リスト8.9　フィクスチャ機能を用いたTodoPageのテスト

```
import { test as base } from '@playwright/test'
import { TodoPage } from './todo-page'

const test = base.extend<{ todoPage: TodoPage }>({
  todoPage: async ({ page }, use) => {
    // beforeEachに該当する部分
    const todoPage = new TodoPage(page)
    await todoPage.goto()
    await todoPage.addTODOs(['todo1', 'todo2', 'todo3'])

    // テストの実行部分
    await use(todoPage)

    // beforeAfterに該当する部分
    await todoPage.removeAll()
  },
})

test('最後に追加したTODOを削除', async ({ todoPage, page }) => {
  await todoPage.deleteButtons.last().click()
})
```

　リスト8.9の1行目でbase（これまで使ってきたtest）に、リスト8.8で作ったTodoPageを継承して、新たなtest()を定義しています。そして、これまでtest('テストケース名', async ({ page }) => {})としてきた部分を、test('テストケース名', async ({ todoPage, page }) => {})に変更しています。todoPageはフィクスチャ機能を使って作成されたTodoPageオブジェクトです。TodoPageオブジェクトはTODOアプリを操作するためのメソッドを含んでいます。

　フィクスチャはテストファイル間で再利用でき、テスト対象のページに対して必要なフィクスチャだけを導入できます。フィクスチャを複数組み合わせて、必要な環境を整備することも可能です[注8.7]。

　テスト環境のセットアップと後処理を同じ場所にカプセル化できることや、テストの対象に変更があったときに変更箇所が最小限になることがメリットとして挙げられます。

　凝り性な方だと各ページのフィクスチャを作成して、それらの組み合わせでテストをしたくなるかもしれませんが、保守性や可読性が下がるレベルまで過度に構造化し過ぎないようにしましょう。

8

注8.7　https://playwright.dev/docs/test-fixtures#combine-custom-fixtures-from-multiple-modules

8.3.2　テストを書きにくい画面に気づいたとき

　E2Eテストをしばらく書いていくと、テストを書きやすい画面とテストを書きにくい画面があ
ることに気づくでしょう。後者の場合、テストを書きやすいような画面に変更していくことも考
えてみましょう。

　画面内に同じ見た目のボタンが複数ある場合や、文言やクラスに特徴がなくセレクタを書きに
くい場合など、要素の選択を行いにくい場合は多々あります。もちろんセレクタは重ねて指定す
ることもできますし、:nth-child()のような擬似クラスを使うこともできますが、あとから読
んだときに何を指しているのかを把握しにくくなります。

　要素の選択が行いにくいと感じた場合には、アクセシビリティ属性で要素を取得できるように
画面側を変更できないか検討してみましょう。

8.4 ┃ テストの並列実行

　テストが充実するとともにspecファイルの数が多くなってくると、テストを実行する時間が徐々
に長くなってきます。本節では実行時間の短縮のために行われる、テストの並列実行についてみ
ていきましょう。

8.4.1　並列実行における Playwright の仕様

　Playwrightでテストを実行する際、デフォルトでは用意したテストファイルを並列に実行しま
す[注8.8]。ここでは、実行するための環境が複数用意され、並行してテストが実行されています。環境
は独立しており、それぞれの環境でブラウザを起動してテストファイルを読み込みテストを行います。

　デフォルトの設定では論理CPUコア数を参照し、その半分の数のテスト実行環境が用意され
ます。また、テストを高速化するため環境をできる限り再利用し、複数のテストファイルが1つ
の環境で続けて実行されます。環境間のやりとりは行わないため、テストケースによってはテス
ト同士がバッティングしてしまいます。

注8.8　https://playwright.dev/docs/test-parallel、
　　　　https://playwright.dev/docs/api/class-testconfig#test-config-workers

8.4.2　並列にテストを実行しないようにする

　並列にテストを実行する場合、コンピューターのリソースをより多く使用します。ローカルでテストをしながら他の作業をしたい場合やCI環境でリソースが限られている場合などには、並列実行する環境を制限できます。環境を1つに制限したい場合には以下のようなコマンドとなります。

```
$ npx playwright test --workers 1
```

　常に1つの環境を使用してテストを実行したい場合は、設定ファイルに記入すると良いでしょう（リスト8.10）。

リスト8.10　常に1つの環境を使用する設定（playwright.config.ts）

```
import { defineConfig } from '@playwright/test'

export default defineConfig({
  workers: 1,
})
```

8.4.3　並列にテストを実行する際の注意

　テストを並行して行う際、共通でアクセスするサーバの同じデータを変更するようなテストを実行すると、テスト同士がバッティングして予想していない値に書き変わってしまいます。たとえば、サーバにデータを保存するようなTODOアプリに対してテストをする場合に、それぞれのテストケースで別々にTODOの追加や削除を行うため、想定外のTODOリストになってしまうでしょう。

　実際の環境では、たとえば同一ユーザーの設定を変更するようなテストを実行した場合、それぞれのテストケースは同じデータを使用しているため、値が変わってしまいます。

　そういったバッティングを防ぐために、以下のような工夫を行う必要があります。

- 同じデータを扱う部分は1つのテストファイルにまとめる
- テストケースごとにテスト用ユーザーを割り振る
- 文字列の入力時にテストケース固有のprefix（接頭辞）を付ける

　テストケースに相互の影響が発生する場合には、環境を分けるかテストケースの内容を変更してみましょう。

8.5 ┆ まとめ

　Playwright は E2E テストだけでなく、コンポーネント単位のテストのしくみも実験段階ながら実装されています。また、テストケースの構造化やテストの並列実行などの機能も用意されています。

　アプリケーションを改善し続ける限り、E2E テストのメンテナンスも必要となります。テストの改修コストが軽減できるようなテスト環境やテストコードを心掛けていきましょう。

第 **9** 章

Web APIのテスト

||||||||||||||||||||||||||||||||

本書のメインテーマはWebフロントエンドに対するE2Eテストです。
ですが、第5章で紹介したようにPlaywrightそのものは（実行効率
は別として）、ユニットテストからE2Eテストまですべての領域をカバー
できる機能を持っています。前章では通信のフックによる画面のみ
のテストや、コンポーネントテストの紹介をしました。本章ではそ
れらのテストと同様のインテグレーションテストの1つである、Web
APIテストの実施方法を紹介します。
Web APIのテストであれば他にも選択肢がありますが、Playwright
が備えるUIモードを活用することで、効率よくWeb APIのテストが
できます。

9.1 ┊ Playwright における Web API テスト

　本書では End-to-End テストの "End" を Web フロントエンドとする前提のもとに解説してきました。Web フロントエンドの動きをテストする場合、Web フロントエンドがアクセスする Web API は、テスト対象からすると内部処理です。Web API はテスト対象というよりも、モック機能を使って制御する対象という印象でしょう。モックせずに通常の画面のテストを行った場合には、その Web API も含めたシステムテストを行ったこととみなせます。それで良い場合はあえて別に Web API テストを行う必要はありません。

　その一方で、開発者向けに Web API を提供するサービスもあります。Web API に対しても E2E テストという言葉が使われることがありますが、この場合の "End" は Web フロントエンドではなく、Web API になります。Playwright にはこの Web API の送受信を行う機能があり、それを使うことで Web API のテストも行えます。

　第 7 章では E2E テストとユニットテストを組み合わせて効率を上げることを説明しましたが、Web API でも同様です。サーバ側の細かいバリデーションの条件を網羅するテストは E2E テストで行うのではなく、Web API に対するインテグレーションテストとして作成できます。Web API をすべてモック化する場合にも、その書かれたモックと実際の Web API の挙動が離れていないことを確認するためにテストを書いておきたいと思うこともあるでしょう。

　この手のテストを実行する環境は Playwright 以外にもいろいろあります。Jest を使って API リクエストのテストを書いても良いですし、Postman のような Web API のテストに特化したしくみもあります。しかし、Playwright で書く Web API テストは他のフレームワークと一味違います。それは Playwright の UI モードが提供する「タイムトラベルデバッグ」機能のおかげです。Web フロントエンドのテストでは実行時の各ステップ前後の動きをキャプチャすることで、自由に行ったり来たりして問題の箇所の絞り込みや分析が行いやすくなっていました。このメリットを Web API テストでも得られるのです。

　また、Web API のテストで利用する API リクエスト機能は通常の画面テストの内部でも補助的に使えます。たとえば、テスト前にデータを初期化する API を呼んでテスト環境を整備する、あるいはテストの実行後にサーバに問い合わせて処理が正常に行えたことを確認する、などです。本章ではこのように応用の幅が広い、Web API のテスト機能を紹介します。

9.2 テストの実行例

JavaScript/TypeScript用のWebフレームワークであるHonoのテストを、Playwrightを使って書いてみましょう。次のコマンドでHonoのプロジェクトを作成します。作成時にオプションを聞かれますが、Node.jsサーバを選択したものとします。

```
$ npm create hono@latest my-app
```

デフォルトで生成されるコードは**リスト9.1**のとおりです。

リスト9.1　Honoのデフォルトコード（src/index.ts）

```
import { serve } from '@hono/node-server'
import { Hono } from 'hono'

const app = new Hono()
app.get('/', (c) => c.text('Hello Hono!'))

// ここに追加していきます

serve(app)
```

ページのルートにアクセスすると「'Hello Hono!'」という文字列を返すシンプルなコードです。本章では最後のserve()の行の前にテスト用のハンドラーを追加していきますが、まずはこの生成された、GETハンドラーのテストを作成してみましょう。

まずはプロジェクトにPlaywrightを追加します。

```
$ npm init playwright@latest
```

このWeb APIをテストするコードを作成してみましょう（**リスト9.2**）。

リスト9.2　GETハンドラーのテスト（tests/api.spec.ts）

```
test('api', async ({request}) => {
  const result = await request.get('/')
  expect(result.ok()).toBeTruthy()
  expect(await result.text()).toEqual('Hello Hono!')
})
```

　これを`npx playwright --ui`でデバッグすると、このテストの最中にどのような通信が行われたのかが［Network］タブに表示され、そのときのリクエスト、レスポンスなどの通信内容も確認できます（**図9.1**）。

図9.1　UIモードでWeb APIテストの結果を確認

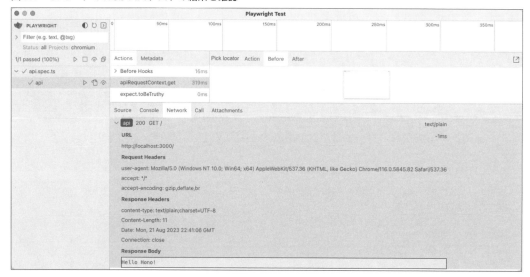

9.3 | タイムトラベルデバッグ

　テストが失敗した場合、テストを正しくパスさせるために以下のような調査とコードの修正を行います。

- リクエストのパラメータは合っているか？
- 実際のテストコードに渡ってきた値は何か？
- テストコードの検証値はあっているのか？

　Web API関連のコードの場合、パラメータが多くなりがちですし、レスポンスのJSONがかなり巨大になることもあります。テストの失敗時に出るログだけでは情報が足りず、`console.log()`をたくさん追加したり、デバッガーで追いかけたりして分析をしたことはないでしょうか？

　テスト実行そのものは高速だったとしても、分析には時間がかかったり、開発のリズムが崩れたりし始めます。

　コードの挙動を追いかける手段としてよく利用されているものが「ソースコードデバッガー（あるいは略してデバッガー）」です。デバッガーはブレークポイントやステップ実行、カーソル位置までの実行など、実際にプログラムを動かし、特定のタイミングでメモリの状態（変数の値）がどうなっているか、どの手順で何を実行したのかを追いかけて実行するツールです。使ったことがある方も多いでしょう。

　デバッガーは、同期的に逐次実行されるコードで、かつ入力値に対して出力値がすぐ得られて比較しやすいプログラムであれば比較的追いやすいのですが、内部パラメータを変更する場所とそれによって不具合が表出する場所が遠い場合、大量のワーカーを実行する場合、大量のループや深いネストの奥に問題がある場合など、追いかけることが難しいケースもあります。また、時系列で実行しているため、実際に問題が発生した箇所を見つけても、それの原因や過去の状態を後から確認することはできません。

　近年いくつものプロダクトがリリースされているツールのジャンルがタイムトラベルデバッガーです。従来のデバッガーのようにリアルタイムで実行を追いかけるのではなく、一度実行し切ってしまい、実行時のログをすべて取得します。そして、そのログの中で自由に過去や未来を移動して問題の分析を行います。従来のデバッガーのように、アタッチして停止したあとに、実際にリクエストを投げたり、UI操作を行ったりして動的に結果を変えることはできません。しかし実際に使ってみるとかなり使いやすいことがわかります。

　PlaywrightのUIモードはタイムトラベルデバッグの体験を提供します。実行すると、呼び出したWeb APIの一覧が開発者ツールのように表示され、入出力や処理時間などもすべて記録されます。1つのWeb APIを実行し、その結果を他のWeb APIに渡して結果を得るといった、複数のWeb APIの呼び出しが関係するようなテストも、それぞれの入出力が簡単に把握できるため、問題の分析は手早く行えます。

　PlaywrightのUIモードには、そのUIや操作感から、デバッガーという感覚は持てないかもしれません。ステップ実行などはなく、単なるテスト結果のビューアでしかありませんし、作成したテストケースに対する結果の閲覧しかできません[注9.1]。デバッグのシナリオをテストコードにしなければならないというのは不便に感じる人もいるかもしれませんが、デバッグ作業では問題の発見、修正後の確認など、同じ操作を何度も繰り返すことになるため、テストコードの形で操作を記録しておき、繰り返し実行できるようにしておくことは合理的です。すべてのテストコー

注9.1　筆者（渋川）は従来のデバッガーがあまり得意ではなく、デバッグ実行を開始するときには「さあこれからデバッグするぞ」と気合いを入れてから行います。手動でステップを実行し、行き過ぎたら再度最初から再実行する必要があったりと神経を使うからです。PlaywrightのUIモードは単なる結果ビューアなので、テストコードさえ書いてしまえば気合いは必要ありません。

ドでテストのステップが自動で記録され、正常だったテストもそうでないテストも両方比較しやすいことが、デバッグ体験をよくしています。

9.4 より詳細なテスト方法

　今どきのWeb APIに対応する、**request**のオブジェクトを紹介します。リファレンスは公式ドキュメントのAPIRequestContext[注9.2] という名前のページで参照できます。

9.4.1　メソッド

　REST APIではAPIごとに適切なメソッドを使い分ける必要があります。**request**には、任意のメソッドでリクエストを送信する**fetch()**メソッドもありますが、送信したいHTTPリクエストごとにメソッドがあるので、基本的にはこちらを使うことが多いでしょう（**表9.1**）。GETで送信したい場合はget()メソッドを呼ぶ、などです。

表9.1　Playwrightのメソッドと送信されるメソッド

メソッド	送信するメソッド
get(URL: string, オプション?: object)	GET
post(URL: string, オプション?: object)	POST
put(URL: string, オプション?: object)	PUT
delete(URL: string, オプション?: object)	DELETE
head(URL: string, オプション?: object)	HEAD
patch(URL: string, オプション?: object)	PATCH

　どのメソッドも、1つめの引数はリクエストのURLになります。2つめにオブジェクトを取り、追加のオプションを設定します。2つめの引数はオプションで省略可能です。**表9.1**ではTypeScriptの記法に従い、省略可能であることを「?」を使って表現しています。**リスト9.3**はget()を利用するコードと、fetch()を使うコードのサンプルです。

注9.2　https://playwright.dev/docs/api/class-apirequestcontext

リスト9.3　get()メソッドとそれと等価なfetch()呼び出し

```
// get()メソッドを利用
test('APIテスト', async ({request}) => {
  const result = await request.get('/hello')
  expect(result.ok()).toBeTruthy()
  expect(await result.text()).toEqual('Hello Hono!')
})

// 同じ例をfetch()で実装
test('APIテスト', async ({request}) => {
  const result = await request.fetch('/hello', {
    method: 'get',
  })
  expect(result.ok()).toBeTruthy()
  expect(await result.text()).toEqual('Hello Hono!')
})
```

9.4.2　ヘッダとクエリの送信

　ヘッダやクエリの送信も、送信メソッドの2つめのオブジェクトに追加するだけで簡単に追加できます。まずはテスト用にサーバ側へヘッダやクエリをダンプするハンドラーを追加します（**リスト9.4**）。

リスト9.4　ヘッダとクエリをダンプするハンドラー

```
app.get('header-and-query', async (c) => {
  console.log(c.req.headers)
  console.log(c.req.queries())
  return c.text('ok')
})
```

　ヘッダはheadersキーに、クエリはparamsキーにそれぞれオブジェクトを設定することで送信できます（**リスト9.5**）。

リスト9.5　ヘッダとクエリの送信

```
const res = await request.get('http://localhost:3000/header-and-query', {
  headers: {
    'X-Test-Header': 'test'
  },
  params: {
    'search': 'word'
  }
})
```

9.4.3　ボディの送信

ボディを送信する方法がいくつか提供されており、送信先が期待するフォーマットに合わせて使い分けられます。

- JSON
- HTMLのフォーム（URLエンコード）
- HTMLのフォーム（マルチパートフォーム[注9.3]）

まず、dataフィールドにオブジェクトを渡すと、JSONとしてシリアライズされて送信されます。Content-Typeヘッダフィールドにはapplication/jsonが自動設定されます（上書きはできます）。おそらく一番よく使うことになるでしょう。

まずは受け取ったJSONをそのままコンソールにダンプするハンドラーをサーバ側のコードに追加します（**リスト9.6**）。

リスト9.6　Honoに追加したJSONを受け取るハンドラー

```
app.post('/json', async (c) => {
  const json = await c.req.json()
  console.log(JSON.stringify(json, null, 2))
  return c.text('ok')
})
```

リスト9.7がJSONのリクエストを送信するコードになります。これを実行すると、サーバのコンソールログに送信されたJSONが表示されるでしょう。

リスト9.7　JSONを送信するテスト

```
const result = await reqeust.post('/json', {
  data: {
    from: 'Playwright API test'
  }
})
```

次はHTTPのフォームです。こちらもオブジェクトを渡します。フォームはJSONとは異なり、階層をネストできません。値として持てるのは文字列、数値、boolean型のみで、配列やオブジェクトは持てません。こちらもContent-Typeヘッダフィールドにapplication/x-www-form-urlencodedが自動設定されます。まずは受け取ったフォームをそのままコンソールにダンプす

[注9.3]　マルチパートフォームはHTTPのフォームを送信するときのエンコーディング方法の1つで、この型式を利用するとファイルの送信ができます。

るハンドラーをテスト用に追加します（**リスト9.8**）。

リスト9.8　フォームを受け取るHonoのハンドラー

```
app.post('/form', async (c) => {
  const form = await c.req.formData()
  for (const [key, value] of form.entries()) {
    console.log(`${key}: ${value}`)
  }
  return c.json({status: 'ok'})
})
```

　リスト9.9がフォームの送信コードになります。JSONの場合（**リスト9.7**）と比較すると、キーがformに変わっただけです。

リスト9.9　フォームを送信する

```
const result = await request.post('/form', {
  form: {
    username: 'bob',
    password: 'secret'
  }
})
```

　マルチパートフォームでファイルも送信できます。サーバ側のコードは先ほどとほぼ同じですが、送信されてくるコンテンツがFileオブジェクトなので、ファイル名やContent-Typeも表示するコードを追加します（**リスト9.10**）。マルチパートフォームはファイル以外にも普通のフォームと同じように文字列なども受け取れます。

リスト9.10　ファイルなどを受け取るHonoのハンドラー

```
app.post('/file', async (c) => {
  const form = await c.req.formData()
  for (const [key, value] of form.entries()) {
    if (value instanceof File) {
      console.log(`${key}: name=${value.name} type=${value.type} content=${await value.text()}`)
    } else {
      console.log(`${key}: ${value}`)
    }
  }
  return c.json({status: 'ok'})
})
```

　ファイル送信はmultipartのキーにオブジェクトを書いていきます。ファイルはname、

mimeType、bufferのキーを持つオブジェクトか、Node.jsのReadStreamを渡します（**リスト9.11**）。外部ファイルを読み込むときのカレントパスは、テストのフォルダではなくテストを実行したフォルダになります。

リスト9.11　ファイルを含むフォームを送信する

```
// createReadStreamはfsパッケージからインポート
import { createReadStream } from 'node:fs'

// ファイルを含むフォームを送信
const res = await request.post('http://localhost:3000/file', {
  multipart: {
    file1: {
      name: 'dummy.txt',
      mimeType: 'text/plain',
      buffer: Buffer.from('test text')
    },
    file2: createReadStream('./tests/test.txt'),
    notFile: 'ファイル以外も同時に送れます'
  }
})
```

実行結果は次のとおりです。

```
notFile: ファイル以外も同時に送れます
file1: name=dummy.txt type=text/plain content=test text
file2: name=test.txt type=text/plain content=hello world
```

9.5 通常のE2Eテストの中から Web APIを呼び出す

これまで紹介してきた機能はWeb APIテスト専用というわけではなく、通常のE2Eテストの中からも利用できます。その場合はたとえば、次のような使い方になるでしょう。

- あらかじめ認証APIを実行してログインをしておく
- テスト用のデータを、作成用APIを利用して作っておく
- UI操作で行ったAPIリクエストの結果を、別の情報取得APIを利用して確認する

E2Eテストの中からWeb APIのリクエストを行うにはpageオブジェクトのrequest属性を

使います。このリクエストはブラウザの実行コンテキストをpageと共有しているため、Cookie
やローカルストレージも共有されます。そのため、サーバ側からセッショントークンがSet-
Cookieで送られてきたとしたら、そのあとのAPIアクセスでも認証済みリクエストとなります（**リ
スト9.12**）。

リスト9.12　E2Eテストの中からリクエストを呼び出す

```
test('APIを利用するE2Eテスト', ({page}) => {
  // ログイン
  page.request.post('/login', {
    form: {
      username: 'bob'
      password: 'secret'
    }
  })
})
```

　逆に共有したくない場合は新しいコンテキストを作成する必要があります。内部でGETリク
エストのキャッシュなどを持つため、明示的にdispose()を呼んで削除する必要があります（**リ
スト9.13**）。

リスト9.13　新しいコンテキストの作成

```
import { request } from 'playwright'

test('APIテスト', async ({request}) => {
  // requestとは別の実行コンテキストのrequest2を作成
  const request2 = wait request.newContext()
  (…略…)
  // 自分で作成した場合はキャッシュを削除するためにdispose()を呼ぶ必要がある
  request2.dispose()
})
```

9.6 ｜ まとめ

　WebフロントエンドのE2Eテストとは外れますが、Playwrightが提供するWeb APIテスト機
能について紹介しました。この機能はNode.js版専用の機能となっており、Playwrightをこれ以
外の言語で使っている人には使えないというデメリットはありますが、あえてNode.js版でWeb

APIテストを使うメリットとして、デバッグ効率の高いタイムトラベルデバッグが可能ということも紹介しました。

　Playwright の Web API テストはシンプルです。curl コマンドを使ってテストしたり、Postman を使ってテストしたりしている人もすぐに慣れるでしょう。

　おもに Web API テストを行う前提で紹介しましたが、最後に E2E テストとの併用も紹介しました。データ投入の Web フロントエンドがまだできていない状態や、画面上には閲覧しか実装予定はないが登録 API だけがあるという状態で、結果を見るページを作成してテストしたい場合に、テスト用データを入れることができます。また、操作の結果を Web API に直接問い合わせて確認することなどにも活用できます。

第 **10** 章

E2Eテストの実戦投入

||||||||||||||||||||||||||||||||

ここまでPlaywrightの使い方、E2Eテストの考え方についてみてきました。本章ではいよいよE2Eテストを実戦投入していきます。システムの開発フローに自動化したE2Eテストを取り入れることで、システム全体の品質を確保するために大いに役立ってくれるでしょう。

10.1 どのテストから書き始めるか

　本題に入る前に、ひとつ前提を確認します。これまでにテストを書いたことはありますでしょうか。テストを書いたことがないのでこの本を手に取ったという方や、実装スピードが求められてきたのであまりテストを書いてこなかったという方も少なくないのではないでしょうか。

　ここではテストを書いた経験がまったくない、もしくはプロジェクトにテストが用意されてこなかったといった場合に、どのテストから書き始めるかについて考えてみましょう。

　テストを書いてこなかったプロジェクトに対するテストの書き方は大きく3パターンあります。

- 人力テストからE2Eテストへ移行する
- テストシナリオを洗い出してからE2Eテストを書く
- ユニットテストから書き始める

10.1.1　人力テストからE2Eテストへ移行する

　テストがまったくない、どこから手を付ければいいかわからないという場合には、まずE2Eテストから書いてみることをお勧めします。

　アプリを実装したあと、ログインをしてみたり、画面のボタンをクリックしてみたり、フォームに入力して内容が反映されているか確認したりといった、動作確認を行っていると思います。その動作確認として行った操作をそのままE2Eテストとして、テストコードを書いてみてください。テストコードが書ければそれは1つの立派なテストケースになります。

　どこから書き始めるか迷った場合は「この機能が動かないとシステムとして成り立たない」といったケースのテストを作成してみましょう。

　動作確認で行う操作をテストケースにすると、テストに関する勘所がなくてもテストケースを増やせます。単なる動作確認であっても、機能が増えてくるとそれぞれの機能の動作確認をするのには時間がかかって面倒になってきます。面倒な動作確認を機械的に自動化することで、手間を大きく減らせます。

　しかし、思いついた順にテストケースを書いていくことでテスト箇所が不均衡になることには注意が必要です。とくに、E2Eテストを行うための環境整備が難しいテストケースが放置される傾向にあるように感じます。

10.1.2　テストシナリオを洗い出してからE2Eテストを書く

テストシナリオを洗い出すことによって、テストの不足に気づきやすくなります。

E2Eテストではユーザーの操作を想定したテストを行っていきます。そのため、ユーザーがどのように操作するのかのイメージ、つまりシステムのユースケースが必要になります。ユースケースの把握は、おそらくシステムの要件定義や設計段階で行われていることでしょう。ユースケースをベースにアプリ全体を俯瞰し、テストシナリオを出してからテストを記述していくことで、より品質の担保がしやすくなります。

テストシナリオは、どこからテストの整備を始めるかを考えるうえで最低限のテストが必要な機能はどれかを明確にするのにも役立ちます。しっかりとしたドキュメントに起こす必要はないですが、主要な機能についてだけでも、テストシナリオをあらかじめリストアップしておきましょう。

とはいえ、テストに慣れていないと、テストシナリオをリストアップするのも難しく感じることでしょう。E2Eテストにおけるテストシナリオを列挙するためのヒントをいくつか提示します。

● 正常系のシナリオ

ユーザー向けのマニュアルや要件定義を行った際のドキュメントを用意し、アプリケーションの各機能を、テストを通して確認していきましょう。まずはログインが行えるかどうか、画面が表示できるかどうか、ユーザーが操作できるかどうかを確認していきましょう。

● ページ遷移の列挙

アプリ内でのページ遷移を列挙することで、テストを行っていないページの把握やページ間のつながりに着目したテストケースを記述できます。

たとえば、以下のような観点から確認をしてみると良いでしょう。

- アクセスしていないページがないか
- ページを表示した際にエラーが出ていないか
- ページにメインとなるコンテンツが表示されているか
- ページ名（ページの`title`タグ）が適切か
- リンクをクリックした際にページ遷移ができるか
- リンクをクリックした際にエラーが出ていないか
- クリックではなく、フォーカスして Enter キーを押した際にもページ遷移ができるか
- ページの遷移先のURLが間違っていないか
- 権限を持つユーザーがアクセスできるようになっているか

- 権限のないユーザーはアクセスできないようになっているか

○ 操作が可能な箇所の列挙

操作が可能な箇所を列挙することで、ユーザーが操作することのできるアクションを洗い出し、リストアップできます。

たとえば、以下のような要素が操作できる箇所です。

- ボタン
- リンク
- ドロップダウンメニュー
- チェックボックス
- ラジオボタン
- スライダー
- 入力フォーム

注意点として、バリデーションチェックのようなユニットテストでも十分に確認ができるものは、ユニットテストでの確認としておきましょう。とくに操作系の列挙を行っていると網羅的なテストシナリオを作成したくなってきます。各コンポーネントが期待どおり機能するかはユニットテストに任せ、E2Eテストではテストフローに焦点をあてて作成していきましょう。

また、これらの要素がクリックができないケースも考慮してみましょう。フォームの送信後、レスポンスが返ってくるまで送信ボタンに`disabled`属性が付いているか、送信に成功したときに`disabled`属性が外れるか、というのはユニットテストだけではチェックしにくいテストかと思います。

○ エラーの可能性がある箇所の列挙

アプリケーション内でエラーが発生する可能性がある箇所もリストアップしてみましょう。

例として以下のような場合が考えられます。

- 入力フォーム（必須項目、文字数制限、形式チェック）
- サーバ通信（APIリクエスト、タイムアウト、エラーレスポンス）
- ファイルアップロードやダウンロード
- セッションや認証のタイムアウト

細かなエッジケースはなるべくユニットテストでの確認としつつも、正常なケースと異常なケースでユーザーに表示する情報はどう変わるかをチェックできるように、テストケースを考えてい

きましょう。

○ ブラウザ操作 (戻る・進む・更新)

ブラウザの基本操作 (戻る・進む・更新) によってアプリケーションが正常に機能するかを確認しておきましょう。戻るボタンを押したときにもアプリケーションが正常に機能するかどうか、更新ボタンを押したときに情報の表示が行えているかどうかもE2Eテストで確認しておきたい項目です。

たとえば、以下のような項目を確認しておきましょう。

- 戻るボタンを押したときに1つ前のページが表示されるか
- 進むボタンを押したときに1つ後のページが表示されるか
- 更新ボタンを押したときに同じ画面が表示されるか
- 戻る・進むボタンでページ名が切り替わっているか
- 戻る・進むボタンでURLが変更されているか
- ログアウト直後の戻るボタンでアプリ画面を開けないようになっているか
- ログアウト直後の更新ボタンでログインしていない状態での表示になっているか
- 未知のエラーで落ちていないか

これらはブラウザを操作するE2Eテストでないと確認しにくいシナリオでもあります。シングルページアプリケーションではこれらの問題がとくに入り込みやすいため、注意しておきましょう。

10.1.3 ユニットテストから書き始める

小さいスコープでユニットテストを行い、徐々にスコープを広げてインテグレーションテスト、E2Eテストまで整備していくのも良い戦略です。実装しながらユニットテストを書き、ユニットテストで検知できない不具合を見つけるために、より大きいスコープのテストを足していくことで、無駄の少ないテストを行うことができます。

E2Eテストは非常に壊れやすいという問題があります。確認する範囲が広いため、アプリケーションの変更がテストの動作に大きく影響します。テストにエラーが出たときに、アプリに不具合が出たのか、それともテストが壊れたかの判別ができないと、テストを実行する意味がなくなってしまいます。

このデメリットを最小限にするために、なるべくユニットテストに寄せる、壊れたときの修正を容易にすることを意識していきましょう。

10

　また、作り始めたばかりで画面からバックエンドまでの処理フローがまだつながっていない、というフェーズであれば、E2Eテストを作成してもメリットは少ないでしょう。テストケースからE2Eテストを作成するのも難しいでしょうし、作成したとしてもおそらくすぐにテストが動かなくなってしまいます。このフェーズではユニットテストをしっかりと書いておくほうが得られるメリットが大きいはずです。

　開発当初からテスト戦略を考えていくのであれば、実装とともにスコープに合わせたテストを順次用意していくことを理想としましょう。しかしながら、現在の実装コードに対するテストがなく、テストに造詣が深いメンバーがいない場合に、スコープに合わせたテストを書いていくのはなかなか難しいものです。このような場合には人力テストをE2Eテストのテストケースへ移行していきつつ、テストが求められる箇所や適切なスコープの大きさを把握して、テストの勘所を掴んでいきましょう。

10.2 E2Eテストをどのリポジトリに置くか

　E2Eテストをどのリポジトリに設置するかについて考えてみましょう。E2Eテストはプロジェクト全体に関わるテストケースが含まれていますので、複数のリポジトリでソースコードを管理している場合に、どこにテストケースを置くか悩むことになるかと思います。

10.2.1　E2Eテスト専用リポジトリ

　E2Eテストに関するものはここに置く、というリポジトリがあるとシンプルで管理も行いやすいです（**図10.1**）。

図10.1　専用リポジトリ

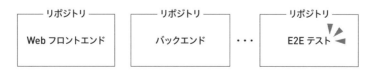

　E2Eテストに関する依存ライブラリが他のアプリ用のライブラリと混じることもなく、時間が

かかるE2EテストのCI（次節で詳説）を他のアプリのビルドやデプロイから隔離できます。

マイクロフロントエンドのように、フロントエンドに関係するリポジトリが複数ある場合にも、テストコードの置き場を悩まずに済みます。

リポジトリを独立させるデメリットとして、テストを実行するタイミングが掴みにくくなるという問題があります。アプリケーションのソースコード変更とE2Eテスト用のテストがひもづかないため、E2Eテストを個別に実行する必要がでてきます。

実運用においては、定期的にE2Eテストを実行するバッチを組んだり、デプロイのマニュアルにE2Eテストを実行するという項目を組み込んだりといった工夫が必要になります。

10.2.2　フロントエンドのリポジトリとの相乗り

リポジトリを独立させず、フロントエンドの画面にE2Eテスト用のコードを相乗りさせる方法もよく取られます（図10.2）。

図10.2　相乗りリポジトリ

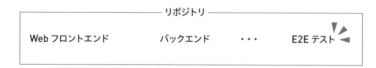

単一のリポジトリでソースコードを管理する「モノレポ」の場合も、同様にフロントエンドの画面とE2Eテスト用のコードを相乗りさせることになります。

フロントエンドとE2Eテストのコードが同じリポジトリにある場合には、ユーザーが操作する画面部分に関する変更があった際に、CIによるE2Eテストを都度行えるようになります。また、ローカル環境でも気軽にE2Eテストを実行しやすい構成でもあります。

相乗りをさせる場合には、フロントエンドとE2Eテストの要素が混ざらないようにしておくと、コードやESLintの設定、依存ライブラリの管理を行いやすくなります。E2Eテスト用のディレクトリを作成し、アプリケーション用の`package.json`とE2Eテスト用の`package.json`を分けておくことをお勧めします。

E2Eテストのリポジトリを専用のものとするか相乗りさせるかについては、どのくらいの頻度でE2Eテストを実行するのか、テストコードをどの程度独立させたいかなどを考慮しつつ決めましょう。

10

10.3 ┃ CIでのE2Eテスト実行

　ここからはCI（継続的インテグレーション）にE2Eテストを組み込むための方法について説明します。コードをリポジトリにpushした際にさまざまな処理を自動で実行するCIにE2Eテストを組み込むことで、pushのたびにアプリが正常に動作しているかを確認できます。

　Playwrightは現段階で以下のCIツールに対応しています。

- GitHub Actions
- Azure Pipelines
- CircleCI
- Jenkins
- Bitbucket Pipelines
- GitLab CI
- Google Cloud Build

　また、一覧にないCIツールであってもPlaywright用のビルド済みのDockerイメージ[注10.1]を利用して環境を用意できます。

　本章では現時点で利用ユーザーが一番多いと思われるGitHub Actionsの例を紹介します。他のCIツールでの設定方法は公式のドキュメント[注10.2]を参照してください。

▌10.3.1　GitHub ActionsでPlaywrightのE2Eテストを実行

　GitHub ActionsとはGitHubが用意しているCI環境で、GitHubのリポジトリに対するアクション（pushやPull Requestの作成）をトリガーにコマンドを実行するワークフローの自動化サービスです[注10.3]。GitHubで管理しているリポジトリにGitHub Actionsで実行するためのYAMLファイルを配置することで、ワークフローを自動的に実行できます。

　GitHub Actions上でPlaywrightを動作させるためには `.github/workflows/` にGitHub

注10.1　https://playwright.dev/docs/docker
注10.2　https://playwright.dev/docs/ci
注10.3　参考：野村 友規 著, GitHub CI/CD実践ガイド——持続可能なソフトウェア開発を支えるGitHub Actionsの設計と運用, 2024年, 技術評論社

Actions用のYAMLファイル（playwright.yml）を配置します。Playwrightを`npm init playwright@latest`でインストールした際に、`Add a GitHub Actions workflow? (y/N)`という質問に対して`y`を入力している場合にはすでに生成されています。生成されたYAMLファイル（**リスト10.1**）をGitHubのリポジトリにpushすると、GitHub Actionsで実行されます。

リスト10.1　生成された`playwright.yml`（コメントで動作説明を追記）

```yaml
# .github/workflows/playwright.yml

name: Playwright Tests
# リポジトリにpushした際にjobs内のワークフローを実行
on:
  push:
    branches: [ main, master ]
  pull_request:
    branches: [ main, master ]
jobs:
  test:
    # 実行時間が60分を超えた場合に停止
    timeout-minutes: 60
    # Ubuntuの最新版を環境として用意
    runs-on: ubuntu-latest

    steps:
    # リポジトリのcheckout
    - uses: actions/checkout@v4
    # 最新版のNode.jsをインストール
    - uses: actions/setup-node@v4
      with:
        node-version: lts/*

        # 依存ライブラリのインストール
      - name: Install dependencies
        run: npm ci
      - name: Install Playwright Browsers
        run: npx playwright install --with-deps

        # Playwrightでのテスト実行
      - name: Run Playwright tests
        run: npx playwright test

        # テスト結果のアップロード
      - uses: actions/upload-artifact@v4
        if: always() # 常にアップロード（失敗時のみにしたい場合は failure() に書き換える）
        with:
          name: playwright-report
          path: playwright-report/
          retention-days: 30 # レポートの保持日数
```

10

このワークフローでは、リポジトリへのpush時にGitHub Actionsのワークフローを実行します。Ubuntuの環境を用意したのち、リポジトリのクローン・依存ライブラリのインストール・テストの実行・テスト結果のアップロードが行われます。

CI上で実行したテストの結果を確認する方法についても見ていきましょう。GitHubのリポジトリページを開いて[Actions]タブをクリックすると、リポジトリに設定されているワークフローが表示されます。ワークフローは新しい順に表示されているので、一番上のものを選択します。続いて、左側に表示される[Jobs]の欄に表示される項目をクリックしましょう。

リスト10.1のとおりのYAMLファイルでGitHub Actionsを実行している場合は「test」というJobのみが表示されているかと思います。この項目をクリックすると**図10.3**のような画面になります。

図10.3 GitHub Actionsの実行結果

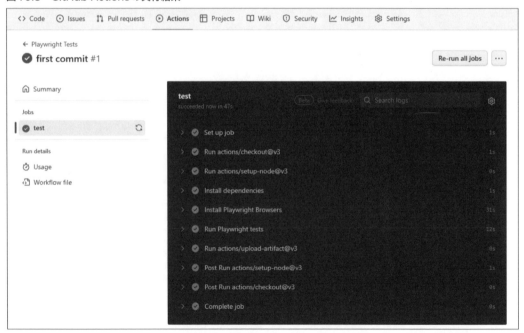

YAMLファイルに記述した各stepsが一覧表示されています。各stepsをクリックすると、実行中に発生した出力やエラーが表示されます。成功したステップにはチェックマークが付き、失敗したステップは赤色で×印が表示されます。また、各stepsの右側に実行時間も表示されます。

このようにして、Pull Requestを作成した際や環境への反映時に、都度E2Eテストを通してアプリの動作を確認しておくことで、不具合の発生を防止できます。

10.3.2　CI実行結果のレポートを確認

Playwrightがエラーとなった際にレポートを確認する手順についてもGitHub Actionsを例に見ていきましょう。

設定ファイルのuseにtrace: 'on'とvideo: 'on'を記述してみましょう（**リスト10.2**）。デフォルトではそれぞれ'off'に設定されています。

リスト10.2　CIのレポートのための設定（playwright.config.ts）

```
export default defineConfig({
  use: {
    trace: 'on',
    video: 'on',
  },
})
```

設定ファイルを書き換えたあとGitHubにプッシュすると、GitHub Actionsの実行結果を表示する画面に［Artifacts］の欄が表示されます。［Artifacts］にはアップロードされたテストの実行結果のファイルが一覧として並んでいます。［playwright-report］をクリックすると実行結果のZIPファイルがダウンロードできます（**図10.4**）。

図10.4　GitHub Actionsの［Artifacts］欄

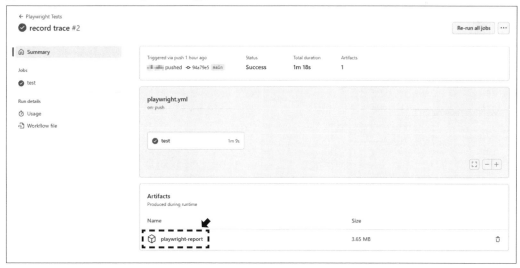

ZIPファイルを解凍し、show-report機能を用いてデータを確認します。以下のコマンドを実行したのち、http://localhost:9323にアクセスしてみましょう（**図10.5**）。

● レポートの表示

```
$ npx playwright show-report ./解凍したフォルダ/

Serving HTML report at http://localhost:9323. Press Ctrl+C to quit.
```

図10.5　`http://localhost:9323`へアクセスした画面

それぞれのテストケースをクリックすると、各テストステップに要した時間とテストの成否、テストトレース、実行中の動作を動画で確認できます（**図10.6**）。

図10.6　テストケースをクリックした画面

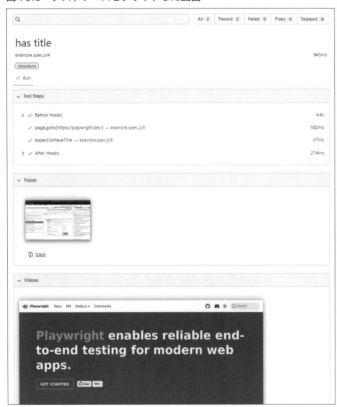

　ZIPファイルの解凍後、ファイルに含まれている`index.html`を直接ブラウザで開くことでもテストの実行結果を確認できますが、その場合にはトレースビュワーが動作しません。

　何らかの問題で`show-report`機能が使えない環境の場合には、`trace`と書かれたリンクをクリックしてトレースデータが含まれたZIPファイルをダウンロードし、公式が用意しているトレースビュワー[注10.4]を使って確認できます（**図10.7**）。

図10.7　公式提供のトレースビュワー

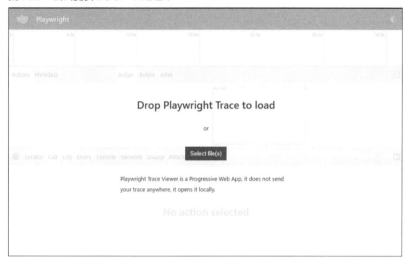

　なお、動画を含む実行結果のファイルがアップロードされ続けると、GitHub上のストレージ領域を消費していきます。気になる場合には動画によるストレージの圧迫を軽減するため、**リスト10.2**の設定ファイルで`video: 'off'`や`video: 'retain-on-failure'`（成功した場合はビデオを破棄）を設定しておきましょう。

10.3.3　CI実行時間の短縮

　CI上でE2Eテストを実行した際にかかる時間は一般的に、ローカルで実行する場合より長くなります。CIで用いられる環境のスペックがローカルよりも低い場合が多いという点のほかに、依存ライブラリのインストール時間が余計にかかるというのも原因となります。

　テストの完了までデプロイを待つ、という運用方法であれば、テストに時間がかかることはそのままリリースの作業時間が長くなってしまうことにつながります。また、日次で深夜にテスト

注10.4　https://trace.playwright.dev/

を実行する、という場合でも、CIの実行時間が増え、CIにかかる料金が高くなってしまいます。

　可能であれば、CIでのテスト時間はなるべく短縮しておきたいですね。

○ 依存ライブラリの分割

　Webアプリ本体とE2Eテストに関するコードを同じリポジトリで管理している場合、依存ライブラリの分割ができないかを考えてみましょう。package.jsonを共有していると、E2Eテストだけを行いたい場合でも、アプリ実行のための依存ライブラリをインストールすることになってしまいます。

　アプリ本体のものとPlaywrightのもの、別々に依存ライブラリをインストールできるようにしておくと、取り回しが楽になります。

　Playwrightに関係する依存ライブラリのみをインストールできるようにディレクトリを分けておきましょう。playwrightのディレクトリを作成したあと、ディレクトリ内で初期化のコマンドを実行します。

```
$ mkdir playwright
$ cd playwright
$ npm init playwright@latest
```

　そのあと、**リスト10.3**のようなYAMLファイルを用意します。

リスト10.3　別ディレクトリでライブラリをインストールするワークフロー

```
# .github¥workflows¥playwright.yml

name: Playwright Tests with subdirectories
  push:
    branches: [ main, master ]
  pull_request:
    branches: [ main, master ]
jobs:
  test:
    timeout-minutes: 60
    runs-on: ubuntu-latest
    steps:
    - uses: actions/checkout@v4
    - uses: actions/setup-node@v4
      with:
        node-version: lts/*
    - name: Move Directory
      run: cd playwright
    - name: Install dependencies
      run: npm ci
    - name: Install Playwright Browsers
```

```
    run: npx playwright install --with-deps
  - name: Run Playwright tests
    run: npx playwright test
    - uses: actions/upload-artifact@v4
    if: always()
    with:
      name: playwright-report
      path: playwright-report/
      retention-days: 30
```

リスト10.1のYAMLファイルと比較してMove Directoryの項目が追加されています。途中でディレクトリを移動し、playwrightディレクトリで依存ライブラリのインストールを行っています。このようにすることで、Playwrightの実行に必要のないライブラリのインストールを避け、テスト実行までの時間を短縮できます。

○ 失敗数の制限

大掛かりな改修のあとやAPIサーバのメンテナンス時など、用意したテストケースがほとんど失敗することが予想される場面は多々あります。そういった場合に定期的なテストが実行されると、エラーだらけのテスト結果となり、CIのリソースが無駄になってしまいます。

こうした場合に備えて、Playwrightは複数のテストが失敗した場合にテストをスキップする機能を提供しています。**リスト10.4**では、10回失敗した場合にテストを中断します。

リスト10.4　10回失敗した場合にテストを中断する設定（playwright.config.ts）

```
import { defineConfig } from '@playwright/test'

export default defineConfig({
  maxFailures: 10,
})
```

10.4 プロジェクト管理との統合

E2Eテストを自動化しても、テストのプロジェクト管理と統合されていなければ、せっかく自動化したテストケースを再度手動で実行することになってしまいます。

理想的には、自動テストで問題がないことを確認できたテストケースは自動でクローズされ、

問題があったテストケースはエラーとして報告が上がると便利です。

本節では、自動化したテストをプロジェクト管理とうまく統合する方法を紹介します。

10.4.1　テストのプロジェクト管理

テスト活動では通常、実行すべきテストケースのステータスや実行結果を管理するためのツールを使用します。ExcelやGoogleスプレッドシートなどで管理する場合もあれば、専用のテスト管理ツールを用いて管理する場合もあります。ここでは、導入のしやすさと扱いやすさから、テストのプロジェクト管理にGitHub Projectsを利用する例を紹介します。

GitHub Projectsは、GitHub上でプロジェクト管理を行うための機能です。GitHubで作成されたIssueやPull Requestを1つのアイテムとして登録し、かんばん形式やリストで管理できます。

ひとつひとつのアイテムには、ステータスや担当者、期限などを設定できます。また、変更履歴やコメントなども管理できるため、テストのプロジェクト管理には十分な機能を持っています。

筆者（木戸）の環境では、GitHubリポジトリにてテストケースを管理し、テスト活動を行う際は各テストケースをIssueとして作成してGitHub Projectsに登録することで、テストのプロジェクト管理を行っています。

テストケースからIssueを作成してGitHub Projectsに登録するフローも、GitHub Actionsなどを利用して自動化しておけば、テスト開始時点ですぐにテストのプロジェクト管理を開始できます。

テスト活動が開始されたあとの流れを例に示します（図10.8）。

1. （準備）すべてのテストケースが"Todo"ステータスのIssueとしてGitHub Projectsに登録されている状態にする
2. テストの実行者は担当するテストケースのIssueに自分をアサインし、"In Progress"ステータスに変更する
3. テストの実行者は担当するテストケースを実行し、ステータスを更新するとともに、テスト結果を記録する。問題なく完了したテストケースは、ステータスを"Done"に変更し、必要な証跡をコメントに添付する。エラーが発見されたテストケースは、ステータスを"Error"に変更し、エラーの内容をコメントに記載する
4. 決まったタイミング（日次など）で、ステータスが"Error"のIssueを確認し、ステークホルダーへ報告する。修正が必要な場合、開発の担当者へ連携し、ステータスを"Fixing"に変更する
5. エラーの内容が修正された場合は、ステータスを"Todo"に戻す
6. すべてのテストケースが"Done"になったら、テスト活動を終了する

図10.8　GitHub Projectsの活用例

また、GitHub Projectsにはレポート機能もあり、テストの進捗状況やその遷移、担当者ごとの実施件数などをグラフで可視化できます。テスト管理者は、このレポートを参考にテストの進捗状況を確認できます。

さらに細かくカスタマイズして管理したい場合も、各Issueに独自のラベルを設定したり、スタムフィールドを追加したりすることができます。

同じGitHub Organizationに所属しているアカウントを持つユーザーであれば、GitHub Projectにアクセスし、いつでもテストの実行や進捗管理ができるため便利です。

10.4.2　自動テストとの統合

ここまで、GitHub Projectsを用いてテストのプロジェクト管理を行う方法を紹介しました。しかしこれは、あくまで手動でテストケースのステータスを更新することを前提としています。ここからさらに一歩進めて、自動テストとテストのプロジェクト管理を統合する方法を紹介します。

各テストケースに一意となるIDを付与しておき、Playwrightでテストケースを表現する際、そのIDを関連付けます。Playwrightで実行されたテストケースが成功した場合、関連付けられたIDを用いて、GitHub APIを利用し、テストケースのステータスを"Done"に変更します。

ステータスの変更は、APIリクエストを都度記述しても良いですが、関数として定義しておくと良いでしょう（**リスト10.5、10.6**）。テストケースごとにIDと実行させるアクションを引数として渡し、テストケースの実行結果に応じてステータスを変更します。

10

リスト10.5　ステータス変更の関数(close-test-issue.ts)

```
import dotenv from 'dotenv'
import { graphql } from '@octokit/graphql'

// GitHubのトークンを環境変数から取得して認証設定する
dotenv.config()
const gql = graphql.defaults({
  headers: {
    authorization: `token ${process.env['GITHUB_TOKEN']}`,
  },
})

// プロジェクトのノードIDを取得する
const project: { organization: { projectV2: { id: string } } } = await gql({
  query: `
    query {
      organization(login: "${process.env['PROJECT_ORG_NAME']}") {
        projectV2(number: ${process.env['PROJECT_NUMBER']}) {id}
      }
    }
  `,
})
const projectId = project.organization.projectV2.id

// プロジェクト内のアイテムを全て取得する
const getProjectItems = async (endCursor?: string, items: {[key: string]: string} =
{}) => {
  const projectDetail: {
    node: { items: { nodes: { type: string, content: { title: string, id: string } }
[], pageInfo: { hasNextPage: string, endCursor: string } } } } = await gql({
    query: `
      query{
        node(id: "${projectId}") {
          ... on ProjectV2 {
            title
            url
            items(first: 20 ${endCursor ? `after: "${endCursor}"` : ''}) {
              nodes {
                type
                content {
                  ... on Issue {
                    id
                    title
                  }
                }
              }
              pageInfo {
                hasNextPage
                endCursor
              }
```

```
              }
            }
          }
        }
      `,
    })
    const fetchedItems = projectDetail.node.items
    const projectItems = {
      ...items,
      ...fetchedItems.nodes.reduce((merged, issue) => {
        return {
          ...merged,
          [issue.content.title]: issue.content.id,
        }
      }, {})
    }
    if (!fetchedItems.pageInfo.hasNextPage) return projectItems
    return getProjectItems(fetchedItems.pageInfo.endCursor, projectItems)
}

const projectItems = await getProjectItems()

// keyに対応するアイテムをクローズする
export const makeTestScenario = async (key: string, actions: () => void) => {
  await actions()
  if (!projectItems[key]) return
  gql({
    query: `
      mutation{
        updateIssue(input: {
          id: "${projectItems[key]}",
          state: CLOSED,
        }) {issue {id}}
      }
    `
  })
}
```

リスト10.6　リスト10.5の利用シーン

```
import { test, expect } from '@playwright/test';
import { makeTestScenario } from './close-test-issue';

test('has title', async ({ page }) => {
  await page.goto('https://playwright.dev/');

  await makeTestScenario("タイトル表示", async () => {
    await expect(page).toHaveTitle(/Playwright/);
  })
});
```

実際にPlaywrightを実行すると、成功したテストケースにひもづくIDを持つIssueのステータスが"Done"に変更されました。

上記は簡単なサンプルのため、自動テストの実行が成功したテストケースのステータスを変更するだけですが、Playwrightがステータスを変更したことがわかるようにラベルを付与したり、エラーが発生した場合はステータスを"Error"に変更したりするなど、より詳細な処理を実装することもできます。

このように、自動テストとテストのプロジェクト管理を統合することで、テスト開始後まもなく、自動化されていないテストケースのみがGitHub Projectsに登録されている状態になります。

テストの自動化の恩恵を最大限に享受するためには、テストのプロジェクト管理との統合方法も重要です。

10.5 | まとめ

本章ではE2Eテストを実戦投入するにあたって、どこからテストを書き始めるか、そして、テストコードをどのリポジトリに設置するかなどについて、考え方を紹介しました。また、E2EテストをCIに組み込んで定期的に実行する方法や、GitHub Projectsでのプロジェクト管理との統合についても見てきました。

継続的にテストを行っていくためにはテストコードの拡充やメンテナンス、実行しやすくする環境が必要不可欠です。各プロジェクトの開発フローに合わせて、より快適にテストを行えるよう工夫していきましょう。

Playwrightの内部構造

||||||||||||||||||||||||||||||

Playwright は第 6 章で紹介したとおり、Chromium、WebKit、Firefoxといった複数のブラウザをサポートし、高速に動作するテストツールです。これまでのテストはTypeScriptで記述していましたが、TypeScript 以外にも、JavaScriptはもちろん、Python、Java、.NET（C#）といったさまざまな言語で記述できます。本章では、このような機能を実現している Playwright の内部構造について一歩踏み込んで見ていきましょう。

11.1 ┊ Playwrightのアーキテクチャ

　Playwrightは、テストコードを記述するためのクライアントモジュールと、ブラウザ操作のためのテストAPIを提供するサーバモジュールからなる、クライアント／サーバ型のアーキテクチャを採用しています（**図11.1**）。

図11.1　Playwrightのアーキテクチャ

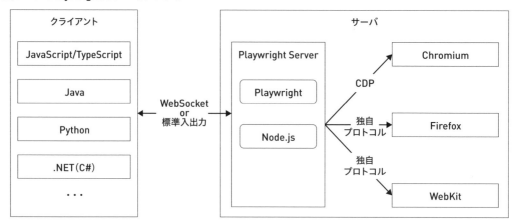

　これまで見てきたサンプルのようにNode.js環境でテストを実行する場合、デフォルトではクライアントモジュールとサーバモジュールは同じプロセス内で動作するため、通常、開発者がサーバを意識することはありません。

　一方で、JavaScript/TypeScript以外の言語向けのクライアントモジュールを利用してテストを実行する場合、クライアントモジュールは内部的にPlaywrightサーバを別プロセスで起動し、パイプ通信やWebSocket通信を介してブラウザの操作を行います。

　詳細は後述しますが、Node.js環境でテストを実行する際にも、サーバを明示的に起動し、クライアントとサーバが別々のプロセスとして動作するよう設定できます。

　Playwrightはブラウザとの通信において、Chromiumとの通信にはChrome DevTools Protocol（CDP）を使用し、WebKitとFirefoxの通信にはそれぞれ独自のプロトコルを採用しています。Playwrightのサーバモジュールが各ブラウザの操作を抽象化したテストAPIを提供することで、クライアント側のテストコードはブラウザを意識しない記述が可能になり、複数言語のサポートも容易になります。

　公式ではJavaScript/TypeScript、Python、Java、.NET (C#) がサポートされています[注11.1]が、それ以外にもPlaywrightのコミュニティが開発しているGo言語に対応したライブラリ[注11.2]といったサードパーティー製のライブラリを利用することで、さらに多くの言語でPlaywrightを利用できます。

11.2 他のE2Eテストツールのアーキテクチャ

　同じくE2EテストツールであるCypress、Seleniumについても、そのアーキテクチャをひもといてみます。

11.2.1　Cypressのアーキテクチャ

　代表的なE2EテストツールであるCypressのアーキテクチャは、CDPなどのプロトコルを使用してネットワーク越しにブラウザを操作するPlaywrightとは大きく異なり、テストコードが実際のブラウザ内で直接実行される点が特徴です（**図11.2**）。

　このことは、テストコードがDOMに直接アクセスでき、イベントやAPI呼び出しなどのブラウザ操作を、少ないオーバーヘッドできめ細かく制御できることを意味します。

　一方で、テストコードがブラウザで実行されることから、テストコードはJavaScriptでしか書けず[注11.3]、複数タブの制御ができないなどの制約があります。

11

注11.1　https://playwright.dev/docs/languages
注11.2　https://github.com/playwright-community/playwright-go
注11.3　TypeScriptやCoffeeScriptといったAltJSにも対応しています。

図11.2　Cypressのアーキテクチャ

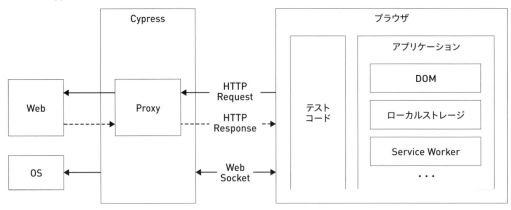

11.2.2　Seleniumのアーキテクチャ

Selenium（Selenium WebDriver）も、Playwrightと同様にクライアント／サーバ型のアーキテクチャを採用していますが、大きな違いの1つは通信プロトコルにあります（**図11.3**）。

図11.3　Seleniumのアーキテクチャ

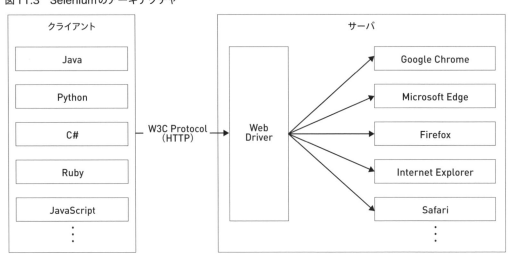

SeleniumはWebDriverとの通信にHTTPを使用するため、コマンドを送信するたびに新たなHTTPリクエストを発行し、レスポンスを受け取る必要があります。これに対し、Playwrightはサーバとの通信にWebSocketを使用するため、一度確立した接続を維持してサーバと通信を行うこ

とで効率的かつ高速な通信が実現されます。

11.3 クライアント／サーバ構成でのテスト実行

　Playwrightがクライアント／サーバー型のアーキテクチャであることを理解したところで、ここでは明示的にPlaywrightサーバを起動して、テストを実行する方法を見ていきましょう。

11.3.1　サーバの起動

　PlaywrightサーバはPlaywright CLIを用いて起動でき、起動方法には次の3つのコマンドがあります。なお、執筆時点でのPlaywrightの最新バージョンでは、これらのコマンドはユーザーに公開されておらず（npx playwright -hを実行しても利用可能なコマンド一覧に出力されない）、将来的に変更される可能性があります。

○ run-driver

　標準入出力によるパイプ通信を経路とするPlaywrightサーバを起動します。

```
$ npx playwright run-driver -h

Usage: npx playwright run-driver [options]

Options:
  -h, --help  display help for command
```

○ run-server

　WebSocket通信を経路とするPlaywrightサーバを起動します。使用方法を見ると起動時のポートやパスが設定できることがわかります。

11

```
$ npx playwright run-server -h

Usage: npx playwright run-server [options]

Options:
  --port <port>               Server port
  --host <host>               Server host
  --path <path>               Endpoint Path (default: "/")
  --max-clients <maxClients>  Maximum clients
  --mode <mode>               Server mode, either "default" or "extension"
  -h, --help                  display help for command
```

○ launch-server

WebSocket通信を経路とするPlaywrightサーバを起動します。先ほどの**run-server**は複数のブラウザに対応したサーバを起動するのに対し、**launch-server**は単一のブラウザに対応したサーバを起動します。使用方法を見るとブラウザの指定が必須となっていることがわかります。

```
$ npx playwright launch-server -h

Usage: npx playwright launch-server [options]

Options:
  --browser <browserName>       Browser name, one of "chromium", "firefox" or "webkit"
  --config <path-to-config-file>  JSON file with launchServer options
  -h, --help                    display help for command
```

今回は**run-server**コマンドを使用して8008ポートでサーバを起動します。

```
# サーバのログを出力するためにDEBUG環境変数を設定して起動
$ DEBUG=pw:server npx playwright run-server --port 8008

Listening on ws://127.0.0.1:8008/
```

▌11.3.2　接続先サーバの指定

設定ファイルで、**use.connectOptions**の**wsEndpoint**オプションに、Playwrightサーバに接続するためのWebSocketエンドポイントを指定します（**リスト11.1**）。

リスト11.1　WebSocketエンドポイントの指定（playwright.config.ts）

```
export default defineConfig({
  use: {
    connectOptions: {
      wsEndpoint: 'ws://localhost:8008/',
    },
  },
  projects: [
    {
      name: 'chromium',
      use: { ...devices['Desktop Chrome'] },
    },
  ],
})
```

11.3.3　テストの実行

　テストを実行すると、起動したPlaywrightサーバに接続してブラウザの操作を行います。サーバ側のログを確認するとリクエストが送信されていることがわかります。

```
pw:server [1] serving connection: / +1ms
pw:server [1] engaged launch mode for "chromium" +13ms
pw:server [1] disconnected. error: undefined +843ms
pw:server [1] starting cleanup +0ms
pw:server [1] finished cleanup +41ms
```

11.3.4　使いどころ

　通常のユースケースにおいて、明示的にサーバを分離する必要性は少ないと感じられるかもしれません。しかし、次のような場合においてはこのような構成が役立つと考えられます。

- 高スペックなマシン上で起動したPlaywrightサーバを利用することで、テスト実行のパフォーマンスとスケーラビリティを向上できる。これは開発者のローカル環境やCI環境など、テストを実行する環境のリソースが限られている状況において、とくに効果的
- ブラウザの動作環境（ハードウェアやOSなど）やバージョンに特定の制約・要件がある場合、開発者が個々にテスト環境を準備するのはコストが高くなる。事前にセットアップされたPlaywrightサーバを利用することで、複数の開発者が効率良くテストを実行できる

11

11.4 まとめ

　本章ではPlaywrightをはじめとするE2Eテストツールのアーキテクチャについて紹介しました。テストツールのアーキテクチャは普段あまり意識することのない部分ですが、アーキテクチャを理解することにより、各ツールの特性への理解が深まり、パフォーマンスの向上やトラブルシューティングにも役立てることができます。

　今後も新たなアーキテクチャを持ったテストツールやフレームワークが登場することでしょう。進化しつつづけるテストツールの世界に常に注目し続けていきましょう。

付録

付録 A 生成 AIによるテストコードの自動生成

　本書の執筆がスタートした2023年のIT業界における一番大きなトピックといえば生成AIです。生成AIを活用することで生産性が大きく上がることが期待されますが、残念ながらE2Eテストの分野において、プログラマーやテスターを完全に排除するのは、本書執筆時点のAIではまだ難しそうです。というのも、生成されたコードが正しい保証はなく、誤った情報をあたかも正しいかのように回答してくる（ハルシネーション）ことがあり、正しく利用するにはある程度E2Eテストを理解し、コードレビューが行えるレベルのスキルが必要だからです。

　本節では、生成AIを使って効率よくテストを行っていく方法を探索していきます。

A.1　テストの作成

　テストで一番面倒なのはフォームに値を埋めるものでしょう。

　まずは、ブラウザで右クリックをしてから［検証］を選択してフォームを選択し、DOMのツリービュー上の<form>タグを選び、再び右クリックから［Copy outerHTML］を選択すると、フォームのタグのコードが取得できます。ただし、現在のWebフロントエンド開発では、フォームはMUIやVuetifyといったUIライブラリを駆使して作られることが増えているため、ソースコードだけを見て生のHTMLを取り出すのは簡単ではありません[注A.1]。それをコピーして、余計な装飾（class属性やstyle属性や、アイコン画像など）を取り除いたHTML片を作成します。

　このHTML片をトリプルバッククオートでくくり、次のようなプロンプトを合わせて生成AIに投げると、少ない修正で使えるコードがそこそこの割合で生成されます。

```
```
<form>
  <label for="name">名前</label><input id="name" name="name" />
  <input type="submit" value="送信">
</form>
```
これをテストするPlaywrightのテストコードを書いてください。@playwright/testパッケージを利用してください。
```

　「@playwright/test〜」のくだりがないと、ChatGPTやAnthropic社のClaudeでは、テストラ

注A.1　Tailwind CSSベースで、スタイルのみを提供するdaisyUIなどのライブラリはソースコードから取り出すのも簡単です。

ンナーではなく、`playwright`パッケージ（付録D「Playwrightを使ったスクレイピング」で紹介するブラウザ操作のAPI）を利用した、即時実行関数方式のコードを生成してきました。Google社のBardではこのプロンプトを与えなくても、Playwrightのテストコードを生成できました。このあたりは生成結果を見て、追加するかどうか検討しましょう。

　Playwrightは進化速度が速く、以前のバージョンではまったく違う書き方をしていた、という機能が数多くあります。生成AIの学習では多様な書き方を学んでいるように思えますが、どの書き方がモダンで良いか、という情報が欠落しているように見えるため、この情報の補足が必要です（**リストA.1**）。

リストA.1　生成AIが生成しがちな古いコード

```
const { chromium } = require('playwright')

(async () => {
  const browser = await chromium.launch()
  const context = await browser.newContext()
  const page = await context.newPage()
   (…略…)
  await browser.close()
})()
```

　次にロケーターのコードの自動生成です。ここも、過去のバージョンとの差異が大きい箇所です。さまざまな要素選択のコードが書かれます（**リストA.2**）。

リストA.2　自動生成された壊れやすいロケーター

```
// Copilot in Bing
await page.fill('#name', 'John Doe')

// Bard
await form.querySelector('#name').type('テストユーザー')
```

　もし、期待されないロケーターコードが呼ばれる場合は「要素選択にはgetByRoleを使ってください」というプロンプトも追加することで、そのままでも使いやすいコードが生成されることがありますが、無視されることもあります。また、複数指示することで、過去の指示を忘れる動作をしたりもするため、何度も繰り返し実行し、役に立つ箇所をコピーして集めていく作業が必要になるかもしれません。

　第9章で紹介したような、Web APIテストのコードも生成させてみましょう。次のプロンプトでだいたいの生成AIが良い結果を生成してくれます。

```
```
curl -X POST -H "Content-Type: application/json" -d '{"key1":"value1","key2":"value2
"}' http://example.com/api/endpoint
```
```

このcurlコマンドと同じリクエストを送信するplaywrightのテストコードを作成してください。@playwright/te
stを使ってください

本書執筆時点では、GoogleのGeminiベースのBardが一番より良いコードを生成しますが、今後も性能競争で別のAIのほうが良くなることもあるでしょう。そのため、どの生成AIが一番うまくコードを出力できるかを現時点で議論する意味はありません。癖を覚えて対処する方法がわかれば十分です。

テスターが不要になるぐらいの展望を持っていた方からすると、これではあまり生産性向上を感じにくいかもしれませんが、**リストA.2**では"John Doe"というテストデータを生成AIが勝手に考えて入れてくれています。テストコードを書くときはこのような本物っぽいテストデータをきちんと作ることが、読みやすさやメンテナンス性の向上には大切ですが[注A.2]、少なくともこの箇所は生成AIが頑張ってくれています。

そもそも「テスト」というものは、ソースコードと期待される入出力がセットでないとテストとは言えません。「生成AIを使うとテストが自動で作成できる」「コードとテストを一緒に生成してくれる」などの話を見かけたこともありますが、単にソースだけあっても、それに対して何が求められているのか、という情報は欠落しています。何のためのコードなのか、どういう結果を期待しているのか、という情報はきちんと文書化してあげる必要があるでしょう。コメントの形だったり仕様書だったりの形で文章化して生成AIに渡すことで、初めて意味のあるテストが生成できるはずです。

▎A.2　テストデータの作成

OpenAPIやSwaggerなどを使っていると、データ形式はJSONスキーマで定義されます。この情報さえあれば、テストデータを生成することは簡単です。これはどの生成AIでも簡単にこなせるでしょう（**リストA.3**）。

注A.2　この業界には「Hoge」などを使いがちな人がいますが、これは悪い風習であると考えています。

リストA.3　テストデータ作成のプロンプト

```
```
{
"$schema": "http://json-schema.org/draft-07/schema#",
"type": "object",
"properties": {
  "name": {
    "type": "string",
    "description": "ユーザー名"
  },
  "age": {
    "type": "integer",
    "description": "ユーザーの年齢"
  },
  "email": {
    "type": "string",
    "description": "ユーザーのメールアドレス"
  },
},
"required": ["name", "age", "email"]
}
```
このスキーマに適合するテストデータを10人分作ってください
```

A.3　テストケースの作成

　テストケースは正常系、異常系などをデシジョンテーブルテストで考え、優先度の高いものから作っていくべきです。本来は実装者がコントロールすべきものと考えますが、生成AIの助けを借りることで、テストケースの見落としの発見に役立つでしょう。

　もちろん、生成AIが生成したテストをすべて実装しなければならないということはありません。単にテストケースを考えてもらうだけではなく、ユニットテストで行うべきか、E2Eテストで行うべきかを判断してもらうのも良いでしょう（**リストA.4**）。

リストA.4　ユニットテストかE2Eテスト、どちらで行うべきか仰ぐプロンプト

ユーザー情報の編集画面をテストする際に考慮すべきテストケースを以下に10個示します。

それぞれ、ユニットテストで行うべきか、E2Eテストで行うべきか、分類を教えてください

　この点では、Bardはより妥当な判断を返してきているように思えます。

　繰り返しになりますが、本当に実装すべきかの最終判断は開発者が自分の頭で行うべきです。いくら自動生成できるからといって不要なテストを大量に作ってしまうと負債となります。

付録 B | VSCode Dev Containers を利用した環境構築

VS Code の拡張機能の「Dev Containers」を利用して、Docker コンテナ内で Playwright のテスト環境を構築する方法を紹介します。

開発環境をコンテナ内に構築するという Dev Containers のコンセプトは、VS Code に限らず、IntelliJ IDEA を含む複数の IDE でもサポートされています。ここでは広く利用されている VS Code を用いて説明を行います。

B.1　VSCode Dev Containers とは

Dev Containers は、VS Code の強力な拡張機能の1つであり、開発者が Docker コンテナ内で統一された開発環境を簡単に作成し、利用することを可能にします。

この機能を活用することにより、Playwright をはじめとするプロジェクト固有の開発ツールやランタイムをコンテナ内に組み込むことが可能となり、チームメンバー全員が一貫性のある開発環境を共有できます。

これは「私のマシンでは動作するが、他の人のマシンでは動作しない」というよくある問題を解消し、新しいプロジェクトやチームへの参画時に発生する環境構築の手間を大幅に削減します。

B.2　セットアップ手順

○ 事前準備

セットアップ対象のマシンは、VS Code がすでにインストールされており、Docker が利用可能であることを前提とします。詳細なシステム要件については Dev Containers のドキュメント[注B.1]を参照してください。

○ Dev Containers のインストール

VS Code の拡張機能として Dev Containers をインストールします（**図B.1**）。

注B.1　https://marketplace.visualstudio.com/items?itemName=ms-vscode-remote.remote-containers

図B.1　Dev Containers拡張機能

● Dev Containers の設定

　プロジェクト直下に.devcontainerディレクトリを作成し、devcontainer.jsonファイル
を追加することで、Dev Containersの設定を行います[注B.2]。Playwrightの環境を構築するための
devcontainer.jsonのサンプル（**リストB.1**）を抜粋し、ポイントとなる部分を説明します。

リストB.1　Playwrightの環境構築（.devcontainer/devcontainer.json）

```json
// For format details, see https://aka.ms/devcontainer.json.
{
  "name": "Playwright",
  // 1. Dockerイメージの指定
  "image": "mcr.microsoft.com/playwright:v1.41.2",

  // 2. 拡張機能の設定
  "customizations": {
    "vscode": {
      "extensions": ["ms-playwright.playwright"]
    }
  },
}
```

1. Docker イメージの指定

　Playwrightから提供されている公式のDockerイメージを利用するのがもっとも簡単な方法で
す。このイメージには、Playwright本体だけでなく、ブラウザとそれに必要なシステムライブ
ラリのインストールも含めて事前にセットアップされています

B

注B.2　VS Codeのコマンドパレットから [Dev Containers: New Dev Container] を選択することで、ウィザードを使用してインタラ
クティブにdevcontainer.jsonをセットアップすることもできます。今回はPlaywrightのDockerイメージを明示的に指定し
たいためdevcontainer.jsonを直接作成しています。

2. 拡張機能の設定

本書のまえがきでも触れましたが、Playwright Test for VSCode の導入を推奨します。Playwright Test for VSCode は Microsoft が公式に提供している拡張機能で、VS Code 内で直接テストの実行や記録を行うのに便利な機能を提供します

● Dev Containers の起動

VS Codeのコマンドパレットを開き、[Dev Containers: Reopen in Container] を選択するとコンテナが起動します（**図B.2**）。

図B.2　VS Code コマンドパレットで[Dev Containers: Reopen in Container]を選択

以上でセットアップは完了です。

B.3　Playwright の UI モード実行

起動したコンテナ内でテストを実行する際、`--ui-host`オプションに`0.0.0.0`を指定することで、ホストマシン側のブラウザからGUIにアクセスできます。

```
$ npx playwright test --ui-host=0.0.0.0
```

`--ui-port`オプションを使用して任意のポートを指定することもできます。

```
$ npx playwright test --ui-host=0.0.0.0 --ui-port=8080
```

付録 C ユニットテストフレームワークとの共存

　Playwrightでは E2E テスト、あるいは Web API テスト、実験的サポートであるコンポーネントに対するテストが実行できます。しかし、すべてのテストを Playwright で作成するのは効率が良くありません。Jest や Vitest のようなユニットテストフレームワークを併用することになります。

　Webのフロントエンドの場合、たとえば vite コマンドや next コマンド、vue-cli コマンドなど、フレームワークごとのビルドツール起動コマンドが、さまざまなツール類を束ねてまとめて実行してくれます。たとえば、.vue ファイルを分解して HTML テンプレート・CSS・スクリプトに分ける、CSS ファイルを import するとそのコンポーネント内部だけで使われるようなスコープに閉じ込めた CSS を生成する、などです。そしてソースコードはそのような多様なツールを前提として書かれることになります。

　完成品に対して行われる E2E テストはそうでもないですが、ユニットテストの場合、そのようなソースコードを import して、実際のアプリケーションのビルドと同じ結果になるようにビルドしなければなりません。便利な開発環境の構築ツールも登場していますが、ブラックボックス化した内部ではかなり複雑化した処理が行われており、トラブルが発生すると解決が困難です。

　環境構築の面で言えば、忘れてはならないのが開発環境のサポートです。正しくシンボル解決などの設定が行えないと、本来は正しいコードなのに TypeScript のエラーや Lint エラーが検知される偽陽性の結果を生み、開発効率を上げないどころか下げてしまいます。チェックそのものの信頼性を下げてしまい、チェック機構を有名無実化してしまいます。そしてやっかいなことに、Playwright とユニットテストは、似ているようで異なる関数をそれぞれのテストで使います。エディタが正しく識別しないとコードの実装が面倒になることは容易に想像できるでしょう。

　本付録ではそのような繊細なユニットテストフレームワークとの共存について説明します。なお、設定に使うパッケージや設定ファイルの書き方などは新しいバージョンがリリースされると変わる可能性があります。近年の流れとしては、プリセットなどを駆使して少ない設定ファイルの行数で済むような改善が行われるケースがほとんどです。やらなければならないこと自体は変わりませんが、最新の書き方については自分が使うフレームワークや各ツールのインストールガイドなどを参照してください。

　また、Vue.js や Svelte など、フレームワークによっては最初からこれらの共存を考慮したプロジェクトを作成できる場合もあります（ただし執筆時点ではどちらも Jest は選べず強制的に Vitest になります）。その場合は本付録は飛ばしてもかまいません。

C

付録

C.1　Jestとの共存

Jest は Meta 社が開発したユニットテストフレームワークで、高速実行やReactとの親和性などが売りです。Vitestなどのあとから出てきたフレームワークはJestに負けない高速性を持っていたりしますが、現在、ユニットテストのフレームワークとしてもっとも利用されているのがJestです。そのため、Webフロントエンドフレームワークのビルド変換をJest向けにも行うJestプラグインが、各フレームワークの開発元から提供されています。

たとえば、Next.jsであればバージョン12から公式のパッケージにJest対応が内包され[注C.1]、フレームワークのビルド設定をJest側とも適切に同期を取ってくれるようになりました。Next.js以外では、Vue.jsもSvelteでも、Jest対応のライブラリが公式もしくは公式に近いところから提供されていますので、そちらの設定を行う必要があります。

まずは必要なパッケージ類をインストールします。

```
$ npm install --save-dev jest @types/jest ts-jest
```

Jestのテストコードは**リストC.1**のようなコードになります。

リストC.1　Jestのサンプル

```
test('adds 1 + 2 to equal 3', () => {
  const sum: number = 1 + 2
  expect(sum).toBe(3)
})
```

Playwrightのテストコードとは異なり、どこからもインポートせずに**test**や**expect**を使っています。これらのTypeScriptの型情報を開発環境に正しく認識させましょう。

Jest用にプロジェクト全体を設定してしまうと、**test**と**expect**のシンボルがPlaywrightと競合してしまいます。このため、Jestのテストがあるフォルダを隔離する必要があります。

TypeScriptの設定ファイル**tsconfig.json**はフォルダごとに作ることができ、VS Codeなどの開発環境はTypeScriptのコードに対しては一番近い親フォルダの設定を適用します。今回はテスト用に型情報を追加したいので、Jest用のテストフォルダにJest固有の**tsconfig.json**を置きます。

Jestのテストの置き場としてはプロダクションコードと同じフォルダや、そのフォルダの中に**__tests__**フォルダを作って利用されることも多いのですが、開発環境上でのPlaywrightとの共存を考えると、ルートから別フォルダとして分けるほうが良いでしょう（**図C.1**）。

注C.1　https://nextjs.org/docs/pages/building-your-application/testing/jest

図C.1　PlaywrightとJestを共存させるプロジェクトフォルダの例

```
├── e2e
│   └── E2Eテスト置き場
├── tests
│   ├── Jestのテスト置き場
│   └── tsconfig.json      // Jest用のtsconfig.json
├── jest.config.js         // Jestの設定ファイル
└── tsconfig.json          // プロジェクトのtsconfig.json
```

プロジェクトルートのtsconfig.jsonにtypesがなければ、空配列を設定しておきます（リストC.2）。

リストC.2　プロジェクトルートのtsconfig.json（types以外はそのままにする）

```
{
  "compilerOptions": {
    "types": [],
  },
}
```

何もない場合はnode_modules/@typesがすべて読み込まれてしまいます。Playwrightのテストコードでも意図せずに@types/jestがロードされ、インポート補完などの支援が正しく動かなくなってしまうため、何も読まないように、もしくはプロジェクト全体で必要なものだけを読み込むようにします。

Jest用フォルダに置かれるtsconfig.jsonは、プロジェクトルートの設定のtypesだけを上書きしてjest設定が読み込まれるようにします（リストC.3）。これで正しく型の補完ができるようになります。

リストC.3　Jest用フォルダに置かれるtsconfig.json

```
{
  "extends": "../tsconfig.json",
  "compilerOptions": {
    "types": ["jest"],
  }
}
```

jest.config.js（リストC.4）ではこのJest用のtsconfig.jsonを読み込むように設定します。

C

付録

リスト C.4　Jest 用の tsconfig.json を読み込む (jest.config.js)

```javascript
module.exports = {
  testEnvironment: 'node',
  transform: {
    '^.+\\.tsx?$': ['ts-jest', {
      tsconfig: 'tests/tsconfig.json'
    }]
  }
}
```

　最後に、Jest 起動コマンドでは Playwright のフォルダを読み込まずに Jest のフォルダだけが対象となるように設定します (**リスト C.5**)。

リスト C.5　Jest 起動コマンドは Jest のフォルダだけを対象とする (package.json)

```json
{
  "scripts": {
    "test": "jest tests"
  }
}
```

　開発環境の補完が正しく行われるか、Jest のテスト実行が正しく行えるか、Playwright のテストが正しく行われるかを確認したら、各フレームワークごとの Jest の設定も行っていきます。たいていは `jest.config.js` に `preset` を追加するか、設定を更新する関数が提供されているのでそれを利用する方法かのどちらかになるでしょう。

　ツールの設定といえば、ESLint に対しても Jest、Playwright の共存をさせる必要があります。そうしない場合、Playwright のテストにおいて、Jest と非互換のコードに対して警告が出てしまいます。ESLint そのものはすでにインストールされているものとして、追加で必要なプラグインをインストールします。

```
$ npm install --save-dev eslint-plugin-jest eslint-plugin-playwright
```

　ESLint の設定ファイル (`.eslintrc.json` など) では、Playwright のフォルダ、Jest のフォルダで、それぞれのプラグインが有効になるように、`overrides` セクションに設定を追加します (**リスト C.6**)。

リストC.6　ESLintのプラグインの有効化（.eslintrc.jsonなど）

```json
{
  "overrides": [
    {
      "files": ["e2e/**"],
      "extends": ["plugin:playwright/recommended"]
    },
    {
      "files": ["tests/**"],
      "plugins": ["jest"],
      "extends": ["plugin:jest/recommended"]
    }
  ]
}
```

C.2　Vitestとの共存

VitestはJestと異なり、importを明示的に記述するスタイルを採用しています。Playwright
も同様のため、同じ名前のシンボルがコンフリクトすることはありません。型定義を使い分ける
必要もありませんので、Jestのようにtsconfig.jsonを環境ごとに用意したり、それを読み込
ませたりする設定は不要です。そのため、テストファイルの置き場も自由です。ESLintの共存だ
けを考慮すれば問題はないでしょう（リストC.7）。

リストC.7　ESLintのプラグインの有効化（.eslintrc.jsonなど）

```json
{
  "overrides": [
    {
      "files": ["e2e/**"],
      "extends": ["plugin:playwright/recommended"]
    },
    {
      "files": ["tests/**"],
      "plugins": ["vitest"],
      "extends": ["plugin:vitest/recommended"]
    }
  ]
}
```

C

付録 D | Playwrightを使ったスクレイピング

　Playwrightの公式ページは今でこそテストの内容が中心となっていますが、Playwrightはもともと自動操縦ツールとして公開されました。テスト関連の機能が追加されたパッケージは@playwright/testというパッケージですが、スクレイピングは最初に公開されたnpmのplaywrightパッケージのほうを利用します。本付録ではこちらのパッケージを利用したスクレイピングの実装方法について説明します。

　スクレイピングを行う手段としてはPythonのscrapy[注D.1]を使うのが一般的で、これについては書籍も出ていたりしますが、Playwrightを使うとフル機能のブラウザ（デフォルトではChromium）を使ってWebアクセスを行える利点があります。ブラウザでJavaScriptを使って画面を表示しているようなシングルページアプリケーションであっても問題なく動作します。

▌D.1　スクレイピングを行う際の注意

　スクレイピングはWebサイトによっては許可していません。まずはここを確認するのが最初にやるべきことになります。今回は「Yahoo!天気」（https://weather.yahoo.co.jp/weather/）に対してスクレイピングをしますが、まずはそのサイトのrobots.txtを確認します。robots.txtには検索エンジンのボットなどに対する許可情報が入っています。このファイルに従うのが紳士協定となっています。

　たとえば、Yahoo!ニュース（https://news.yahoo.co.jp/）のrobots.txtには細かく禁止ページの情報が書かれています（**リストD.1**）。

注D.1　https://docs.scrapy.org/en/latest/

リストD.1　https://news.yahoo.co.jp/robots.txt

```
User-agent: Google-Extended
Disallow: /pickup/*0$
Disallow: /pickup/*1$
Disallow: /pickup/*2$
Disallow: /pickup/*3$
Disallow: /pickup/*4$

User-agent: *
Disallow: /comment/plugin/
Disallow: /comment/violation
Disallow: /profile/violation
Disallow: /polls/widgets/
Disallow: /articles/*/comments
Disallow: /articles/*/order
Disallow: /senkyo
Sitemap: https://news.yahoo.co.jp/sitemaps.xml
Sitemap: https://news.yahoo.co.jp/sitemaps/article.xml
```

「Yahoo! 天気」では、禁止はとくにされていませんので今のところ[注D.2]は大丈夫です（**リストD.2**）。

リストD.2　https://weather.yahoo.co.jp/robots.txt

```
Sitemap: https://weather.yahoo.co.jp/weather/sitemap.xml
```

　robots.txt 以外にも、Webサービスに利用規約があったり、ヘルプページがあったりした場合はそちらもよく確認しましょう。たとえば、国税庁のインボイス制度の適格請求書発行事業者公表サイト（https://www.invoice-kohyo.nta.go.jp/）には robots.txt はありませんが、こちらは利用規約でスクレイピングを禁止しています。

　加えて、高頻度のアクセスはサーバからするとサービス拒否攻撃（Denial of Service Attack：DoS攻撃）と見なされることもあるため、人がアクセスする程度の速度に絞るほうが無難です[注D.3]。

　また、スクレイピングしたデータも、クリエイティブコモンズなどのライセンスがない限り、基本的には提供会社の持ち物です。あくまでもWebサービスの運営会社や他のユーザーの迷惑にならないようにしなければなりません[注D.4]。

　最後はFromヘッダフィールドです。これはリクエスト先のサーバに対し、クローラーやスクレイピングツールの作者の連絡先のメールアドレスを伝えるためのものです。もともと

注D.2　本書執筆時点のrobots.txtでは問題ありませんが、変更されることもあるため、実施前に確実に指差し確認しましょう。
注D.3　参考：https://ja.wikipedia.org/wiki/岡崎市立中央図書館事件
注D.4　実際のところ、明示的に許可しているサービスはほとんどないと思います。読者さまご自身の責任と判断によって行ってください。

HTTP/1.0で定義されていたものの実際には使われていませんでしたが、RFC 9110[注D.5]で復活しました。User-Agentヘッダフィールドを使う流派もあります。

▌D.2　プロジェクトの作成とひな形のコード生成

Node.jsのプロジェクトを作成し、Playwrightをインストールします。最後にコード生成ツール（第1章1.4.1節参照）も起動しましょう。

```
$ mkdir show-weather
$ cd show-weather
$ npm init -y
$ npm install playwright
$ npx playwright codegen
```

出力対象をNode.jsのライブラリに変更しておきます（**図D.1**）。

図D.1　UIモードで出力対象をNode.jsのライブラリに変更

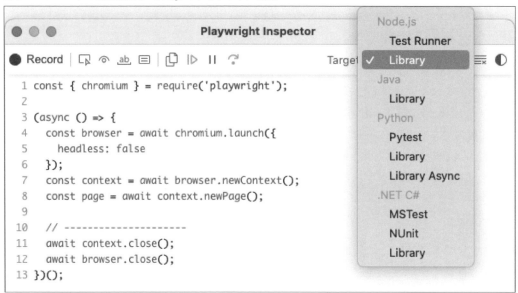

その後、「Yahoo!天気」にアクセスし（weather.yahoo.co.jpをアドレスバーに入れる）、地図ではなくて下部の県リストの「東京」を選びます。すると、今日の天気の都道府県概況という

注D.5　https://datatracker.ietf.org/doc/html/rfc9110

情報が表示されます。この情報は便利なのであとで情報を取得することにします。次に地図の「東京」を選びます。2階層下ると、週間天気が出てきます。これも取得したいですね。**リストD.3**のようなコードが作成されます。

リストD.3　生成されたスクレイピングのコード

```
const { chromium } = require('playwright')

(async () => {
    const browser = await chromium.launch({
        headless: false
    })
    const context = await browser.newContext()
    const page = await context.newPage()
    await page.goto('https://weather.yahoo.co.jp/weather/')
    await page.locator('#areaList').getByRole('link', { name: '東京' }).click()
    await page.getByRole('link', { name: '東京 晴れ 10/2 0%' }).click()

    // ---------------------
    await context.close()
    await browser.close()
})()
```

これを整形して望むプログラムにしていきます。県とその中の地域をコマンドライン引数で指定すると、その県の天気概要と週間天気が表示されるようにしましょう。

D.3　構造の修正とコマンドライン引数のパース

コマンドライン引数のパースに必要なライブラリを追加します。

```
$ npm install commander
```

現在のNode.jsはトップレベル**await**が使えるようになっていて、わざわざ即時実行関数形式にしなくても良いのですが、テストのしやすさなどを考慮して（本付録ではテストは書いていませんが）、名前付きの関数にします。

コマンドライン引数をパースして**from**ヘッダを付与するところまで修正したのが**リストD.4**です。HTMLをパースする箇所は省いています。

リスト D.4　リスト D.3 を改修(main.mjs)

```javascript
import { chromium } from 'playwright'
import { Command } from 'commander'

async function dumpWeather(prefecture, region) {
    const browser = await chromium.launch({
        headless: true, // falseのままだとブラウザが表示される
    })
    const context = await browser.newContext()
    context.setExtraHTTPHeaders({
        from: 'usenamer@example.com'   // 利用者の名前を入れること
    })
    const page = await context.newPage()

    // ここにコードを書いていく

    await context.close()
    await browser.close()
}

async function main() {
    const program = new Command()
    program
        .description('天気予報スクレイピング')
        .argument('<prefecture>', '都道府県')
        .argument('<region>', '地域')
        .parse()
    const [prefecture, region] =program.args
    await dumpWeather(prefecture, region)
}

await main()
```

D.4　都道府県情報のパース

　「Yahoo!天気」トップページには、都道府県名のリンクのテーブルがあります。そのリンクへのクリックは、生成されたコード(リストD.3)をそのまま利用できます。その次に都道府県ページに入ります。ここでは都道府県の概況のテキストがあるので、それを取得します。

　都道府県概況は次のような構造になっています。#conditionで取得し、の中の<p>タグを取得すれば良さそうです。

```
<div class="cmnMod condition top" id="condition">
    <h2 class="title">都道府県概況</h2>
    <p class="text summary">{概況情報}</p>
    <p class="btn"><a href="#" class=""><span>続きを見る</span></a></p>
</div>
```

　トップページにアクセスしてから、都道府県を選択し、概況を取得して表示するコードは**リス
トD.5**のようになります。

リストD.5　概況を取得して表示するコード

```
await page.goto('https://weather.yahoo.co.jp/weather/')
await page.waitForTimeout(1000)

await page.locator('#areaList').getByRole('link', { name: prefecture }).click()
await page.waitForTimeout(1000)

const summaries = await page
    .locator('#condition')
    .locator('p')
    .first()
    .allInnerTexts()
console.log(summaries.join('\n\n'))
```

　`goto()`は生成されたコードのそのままですが、1秒間のウェイトを入れ、都道府県のリンク選
択にはコマンドライン引数を使うようにしています。ページが開くとCSSセレクターが使える
`locator()`というロケーターを使い、ほしい情報を取得しています。

D.5　週間天気のパース

　次に県内のエリアを選択して週間天気を取得します。地図中のテキストはその日の天気情報が
入ったテキストであり、生成したコードも「東京 晴れ 10/2 0％」というテキストにマッチさせる
コードでした。これは天気が変わるとマッチしなくなってしまいます。コマンドライン引数の地
域名を正規表現にして検索するように変更します。

```
await page.getByRole('link', { name: new RegExp(`^${region}`) }).click()
```

　週間天気は次のような形式になっています。表は1行目が日付、2行目が天気、3行目が気温、
4行目が降水確率です。

D

227

```
<div id="yjw_week" class="yjw_main_md target_modules">
    <div id="week" class="yjw_title_h2 yjw_clr">
        <h2 class="yjMt">週間天気</h2>
        <p class="yjSt yjw_note_h2">2024年2月24日  8時00分発表</p>
    </div>
    <table border="1" cellpadding="5" cellspacing="0" width="100%" class="yjw_table">
        { ここに表 }
    </table>
</div>
```

これを取得するのが**リストD.6**です。

リストD.6　週間天気を取得するコード

```
const trs = await page.locator('.yjw_table tr')
const dates = (await trs.first().allInnerTexts())[0].split(/\s+/)
const weathers = (await trs.nth(1).allInnerTexts())[0].split(/\s+/)
const temps = (await trs.nth(2).allInnerTexts())[0].split(/\s+/)
const rains = (await trs.nth(3).allInnerTexts())[0].split(/\s+/)

for (let i = 0; i < 6; i++) {
    console.log(`${dates[1+i*2]}${dates[2+i*2]}: ${weathers[1+i]} (${temps[2+i*2]}℃
- ${temps[1+i*2]}℃) - ${rains[2+i]}%`)
}
```

`allInnerTexts()`だと全部結合されてしまうので、改行コードで分割しています。きちんと行うなら`<td>`タグごとに処理したほうが壊れにくいかとは思いますが、手っ取り早くこのようにしています。

これらのコードをつなげると、任意の都道府県と地域の天気が取得できるプログラムができました。

「Yahoo!天気」では、北海道に関しては4つに分割した道北、道央、道南、道東が県名の代わりに使われていたりと、どんな地域でも確実に動くプログラムにするにはもっと丁寧にサイト構造を見てコードを作成する必要がありますが、基本的なスクレイピングツールとしてのPlaywrightの使い方は伝わったと思います。くれぐれもサービスの迷惑にならないように気をつけながら運用してください。

付録 E　Microsoft Playwright Testing

「Microsoft Playwright Testing」^{注E.1} は、Playwright テストスイートをクラウド上で実行できるサービスです。すでにあるテストコードを変更したり、ツールのセットアップを変更したりすることなく、Playwright テストを並列実行できます。本書執筆時点ではプレビュー版となっています。

VS Code の拡張機能を使用したエディタ上での実行や、Playwright の CLI を使用しての実行が可能です。第10章「10.3　CI での E2E テスト実行」で紹介した CI ワークフローに組み込んで実行をオフロードさせることもできます。

第11章「Playwright の内部構造」でアーキテクチャを紹介しましたが、Microsoft Playwright Testing も同じアーキテクチャで実行されます。Playwright はクライアントコンピュータ上で実行されますが、テストを実行するブラウザはクラウド上にホストされています。

テスト実行後は、実行結果のメタデータが Microsoft Playwright Testing から Playwright を実行したクライアントコンピュータ上に返されます。テスト結果やトレースファイル、その他のテスト実行ファイルを、クライアント上で Playwright を実行した場合と変わらず利用できます。

このように、利用者が触るインターフェースはローカルの Playwright とまったく変わらないため、既存のテストを Microsoft Playwright Testing で実行するためにテストコードを変更する必要はありません。テストプロジェクトにサービス構成ファイルを追加し、アクセストークンやサービスエンドポイントなどのワークスペース設定を指定すれば実行できます（**図E.1**）。

E

注E.1　https://azure.microsoft.com/ja-jp/products/playwright-testing

付録

図E.1　Microsoft Playwright Testingのアーキテクチャ

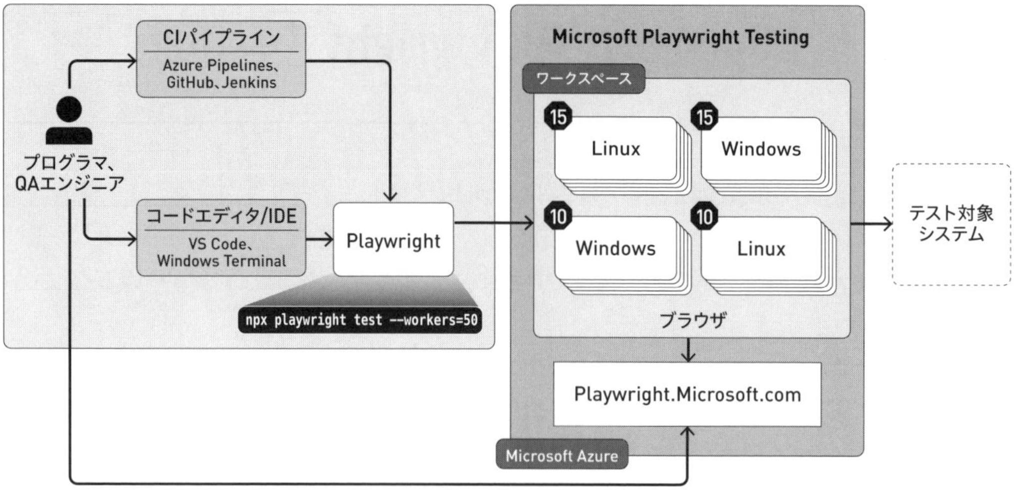

※参考：https://learn.microsoft.com/ja-jp/azure/playwright-testing/overview-what-is-microsoft-playwright-testing

┃ E.1　Microsoft Playwright Testingを試す

Microsoft Playwright Testingを試すにはAzureアカウントが必要です。本書ではこちらの説明は割愛します。無料利用枠は、利用期間が30日間、テスト実行時間は100分となっています[注E.2]。

┃ E.2　ワークスペースを作成する

Microsoft Playwright Testingを利用する際は最初にワークスペースを作成します。右上の［New workspace］をクリックします（**図E.2**）。

注E.2　2024年3月17日時点の情報です。

図E.2　[New workspace]をクリック

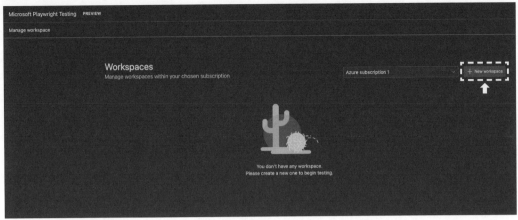

　ワークスペースを作成するために、ワークスペース名、Azureサブスクリプション、リージョンを指定します（**図E.3**）。

図E.3　ワークスペース名、Azureサブスクリプション、リージョンを指定

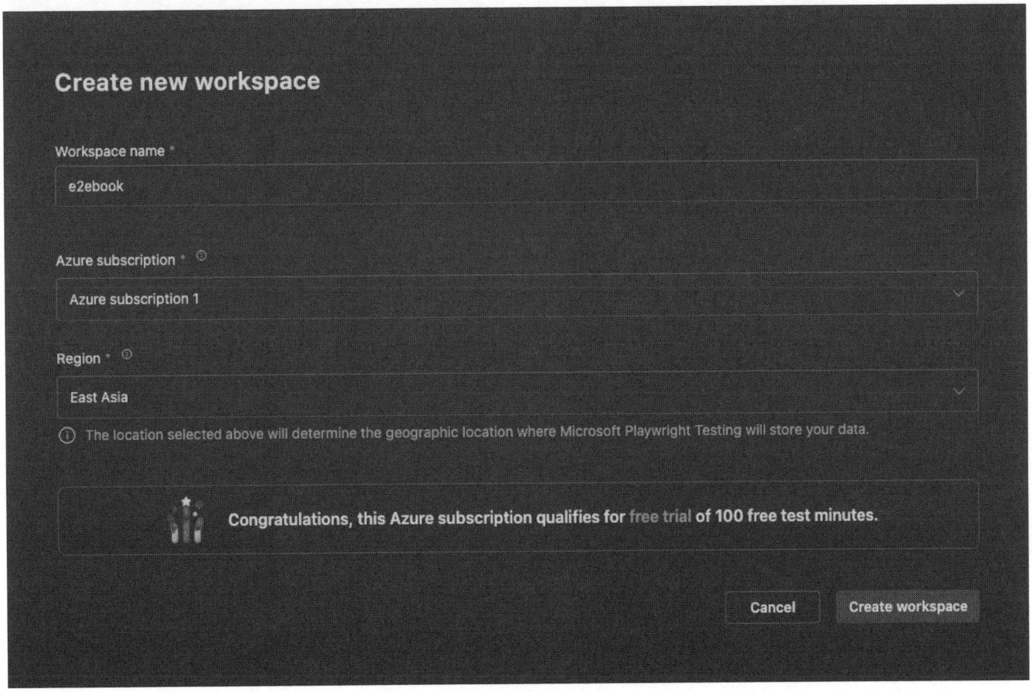

付録

　ワークスペース名には、ワークスペースを識別する英数字の一意の名前を入力します。Azure サブスクリプションには、Microsoft Playwright Testing ワークスペースに使用する Azure サブスクリプションを選択します。リージョンには、ワークスペースをホストする地理的な場所を選択します。

　入力したら、[Create workspace] をクリックします。ワークスペースが作成されると、セットアップガイドページが表示されます (**図E.4**)。

図E.4　セットアップガイドページ

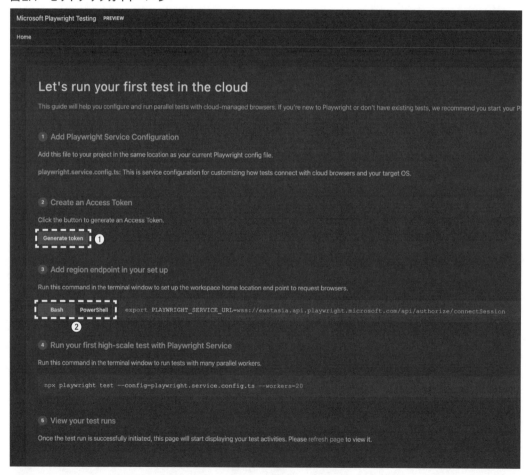

　[Generate token] (①) をクリックするとアクセストークンが、[Add region endpoint in your set up] で [Bash] [PowerShell] (②) のどちらかをクリックするとワークスペースエンドポイントを取得できます。この2つのクレデンシャルは次のステップで利用します。

E.3　テスト環境を設定する

先ほど取得したアクセストークンと、エンドポイントの2つのクレデンシャル情報を環境変数に設定します。次のコマンドはPOSIX系シェルでの定義方法です。

```
$ export PLAYWRIGHT_SERVICE_ACCESS_TOKEN={アクセストークン}
$ export PLAYWRIGHT_SERVICE_URL={ワークスペースエンドポイント}
```

Windows系OSでは、利用するコマンドラインシェルの種類によってコマンドは変わります。プロジェクトごとに切り替えたい場合はdotenvなどのツールを利用すると良いでしょう。また、CIで実行する場合など、クラウド上やサーバ上で設定する場合はそれぞれの設定方法に従ってください。

Microsoft Playwright Testingのワークスペースでテストを実行するには、通常のPlaywrightの設定ファイルに加え、サービスの設定ファイル（**リストE.1**）を追加します。サービスの設定ファイルでは環境変数を参照して、ワークスペースエンドポイントとアクセストークンを取得します[注E.3]。

リストE.1　サービス構成ファイルを作成する

```
/*
 * このファイルは、Playwrightクライアントがリモートブラウザに接続するためのものです。
 * playwright.config.tsと同じディレクトリに配置する必要があります。
 */

import { defineConfig } from '@playwright/test';
import config from './playwright.config';
import dotenv from 'dotenv';

PLAYWRIGHT_SERVICE_RUN_ID: ${{ github.run_id }}-${{ github.run_attempt }}-${{ github.sha }}

dotenv.config();

// テストランIDに名前がない場合は名前を付けます。
process.env.PLAYWRIGHT_SERVICE_RUN_ID = process.env.PLAYWRIGHT_SERVICE_RUN_ID || new
Date().toISOString();

// os名を取得します。
const os = process.env.PLAYWRIGHT_SERVICE_OS || 'linux';

export default defineConfig(config, {
  // タイムアウトを定義します。
```

```
// timeout: 60000,
// expect: {
//   timeout: 10000,
// },
workers: 20,

// スクリーンショットテストを有効にし、出力するディレクトリを設定します。
// https://learn.microsoft.com/azure/playwright-testing/how-to-configure-visual-comparisons
ignoreSnapshots: false,
snapshotPathTemplate: `{testDir}/__screenshots__/{testFilePath}/${os}/{arg}{ext}`,

use: {
  // サービスエンドポイントを指定します。
  connectOptions: {
    wsEndpoint: `${process.env.PLAYWRIGHT_SERVICE_URL}?cap=${JSON.stringify({
      // 'linux'または'windows'を指定できます。
      os,
      runId: process.env.PLAYWRIGHT_SERVICE_RUN_ID
    })}`,
    timeout: 30000,
    headers: {
      'x-mpt-access-key': process.env.PLAYWRIGHT_SERVICE_ACCESS_TOKEN!
    },
    // サービスがlocalhostにアクセスできるようにします。
    exposeNetwork: '<loopback>'
  }
},
// OSSの設定マージバグの一時的な回避策 https://github.com/microsoft/playwright/pull/28224
projects: config.projects ? config.projects : [{}]
});
```

E.4 テストを実行する

ここではPlaywright CLIを使用して実行してみます。1つのテストファイルを実行する例と、現在のディレクトリのテストファイルすべてを実行する例を紹介します。

まずは1つのテストファイルを実行する例です。

```
$ npx playwright test {テストファイルのパス} --config=playwright.service.config.ts
```

実行すると下記のように出力されます。

```
$ npx playwright test

Running 6 tests using 4 workers
  6 passed (4.6s)

To open last HTML report run:

  npx playwright show-report
```

テストが完了すると、コマンドラインにテストの状態が表示されます。

　Microsoft Playwright Testingのポータル画面のアクティビティログには、各テスト実行のテスト完了までの合計時間、並列ワーカーの数、テスト時間（分）などの詳細が表示されます（**図E.5**）。

図E.5　アクティビティログ（1つのテストファイルの場合）

　Microsoft Playwright Testingのポータル画面では、テスト実行の詳細を確認することはできないため、テスト結果の詳細を確認するには、テスト実行後にローカルで確認する必要があります。

　次に、現在のディレクトリのテストファイルすべてを実行する例です。並列ワーカーを利用することで、テストの実行時間を短縮できます。今回は並列ワーカーを10に設定してすべてのテストファイルを実行します。

```
$ npx playwright test --config=playwright.service.config.ts --workers=10
```

実行すると下記のように出力されます。

```
$ npx playwright test

Running 30 tests using 10 workers
  30 passed (22.9s)

To open last HTML report run:

  npx playwright show-report
```

コマンドラインに出力された結果からも並列ワーカーが10であることがわかります。

また、Playwrightポータル画面のアクティビティログからも並列ワーカーの数が10であったことがわかります（**図E.6**）。

図E.6　アクティビティログ（複数のテストファイルの場合）

Microsoft Playwright Testingを利用することで、クラウド上のリソースを使いながらも、クライアントでの実行と変わらない操作感でテストを実行できます。

テスト結果の待ち時間を短縮したい、複数のブラウザで検証したいなど、テストの並列実行数を増やしたい場合に役立つでしょう。

索引

あとがき

　本書の企画の出発点となったのは、執筆者陣が所属するフューチャーアーキテクト株式会社のテックブログ（https://future-architect.github.io/）でした。枇榔がFuture VulsというSaaSサービスで使ったCypressのことをブログに書きました。そのあとは渋川が声をかけて社外向けの発表を行ったり、技術ブログで連載を行ったりしました。その後、技術評論社さんから連絡をいただき、月刊誌「Software Design」上で2022年1月から4月までCypressについての短期連載を行いました。連載終了後、編集の中田さんからお声掛けをいただき、メンバーを追加して本書の企画が走り始めました。

　こういった流れで始まった企画なので、当初はCypressを紹介する書籍になる予定でした。しかし、Playwrightの成長の勢いはすごく、PlaywrightとCypressを両方紹介する企画に一度ピボットし、最終的にはPlaywrightだけを扱う企画になりました。結果として雑誌の記事の流用はいっさいできなくなり、執筆には手間ひまがかかりましたが、その分、新規に書き起こしたフレッシュな内容を読者のみなさんにお届けできたと思います。

　近年のオープンソースソフトウェアでは、おそらく専門のテクニカルライターがプロジェクトにいて、かなりの分量の公式ドキュメントが用意されています。Playwrightにも当然のようにしっかりとしたドキュメントがあり、そちらを読みこなせる英語力や基礎的なソフトウェアエンジニアリング力がある人たちは、すでにPlaywrightをE2Eテストに活用しているものと思います。本書がなかったとしてもすでに成果を得られていると思いますが、よりしっかりしたテストを書くための理論付けや、E2Eテストとユニットテストの使い分けはどうするかといった実際に使ってみてハマった落とし穴の回避方法を紹介しつつ、公式ドキュメントでもあっさりしか書かれていない情報についてはしっかりとサンプルを提示することで、みなさんの業務に役立つ書籍になったと思います。もちろん、E2Eテスト初心者を考え、スタートラインに立つための知識も紹介しました。

　本書のような書籍はその内容だけではなく、書籍としてある、ということ自体にも価値があると思います。書籍が出版され、本屋に並んでいるということ自体が「この分野技術、このソフトウェアは書籍を出すに値する」というメッセージになります。このことは技術選定の場面などに有利に働くはずです。

　もちろん、当初取り上げようとしていたぐらいCypressも良いツールです。テストの表現は違えど、テストの能力はPlaywrightに引けをとりません。両方を紹介する企画だったときに入れたテストの心構えなど、Cypressでテストをする際にも役立つ内容も多く含まれていると思われますので、Cypressのテストの改善のヒントも得られるでしょう。

著者の言葉

ハンズオン、テストメソッド、テスト理論、Web APIテストといった部分を執筆しました。40代になり執筆や翻訳を通じて業界を支えるだけではなく、より若い人たちの成長に貢献し、業界の将来を明るくすることも自分の責務であるという信念のもとに、『実用Go言語』『ソフトウェア設計のトレードオフと誤り』（ともにオライリー・ジャパン）に引き続き、本書も優秀な同僚たちと一緒に取り組みました。いつも、何冊かの執筆や翻訳を同時に行う夫・父を支えてくれる、妻の和香奈、娘たちのありな、りおな、えれなに感謝します。（渋川）

E2Eテストツールの紹介、実践的なテクニック、Playwrightの内部構造を中心に執筆しました。単純にWebで手に入る情報を整理するだけではなく、これまでの筆者の経験や知見を盛り込み、本書独自の付加価値を意識しました。執筆というたいへん貴重な機会にあたって、声をかけてくださった渋川さん、そして執筆活動を通じて変わらぬ支援と愛情を示してくれた妻の晴奈に心から感謝します。（武田）

応用例や実践投入の章などを担当しました。1つのサービスに対して繰り返し機能開発を続けるうえで、開発速度と品質をともに上げていくにはどうすればいいかを考えてきました。本書を通して悪戦苦闘から得られたエッセンスをお伝えできていれば幸いです。刺激的なチャレンジにともに挑戦し続けているチームのメンバーと、いつも私の仕事を応援してくれている両親に感謝します。（梛榔）

プロジェクト管理との統合などのトピックを担当しました。開発現場で実践できるおもしろいテクニックを紹介できたのではないかという期待を持つ一方、私自身も体系的にテストについて学びなおす良い機会となりました。素敵なメンバーとともに本書を作ることができて、とても光栄です。（木戸）

テストメソッドやスクリーンショットのトピックの一部を担当しました。執筆する機会をいただけたこと、執筆にあたりサポートいただいたみなさんに感謝します。（藤戸）

ハンズオンの一部などを担当しました。さまざまな開発体制がある中で各テストの位置づけと役割をあらためて考える良い機会となりました。刺激的な議論やサポートをいただいたみなさんに感謝します。（小澤）

謝辞

本書が本屋に並ぶまでには、多くの方々のご協力が不可欠でした。

日本のテスト駆動開発の第一人者である和田卓人さん (@t_wada)、組み込み系システムのテスターとしてテスト系イベントで発表をよくされている深谷美和さん (@miwa719)、太田健一郎さんにレビューしていただきました。また、ソフトウェア教育にも造詣の深い、株式会社 Renewer の堀内亮平さんにもレビューをいただきました。

執筆者陣も所属するフューチャー株式会社からは、島ノ江励さん、清水雄一郎さん、田島恭幸さん、棚井龍之介さん、原木翔さん、真野隼記さんにレビューに入っていただきました。

レビュアーのみなさんからは、単なる言い回しの指摘や誤字脱字の修正にとどまらず、このような内容も伝えるべき、といったような指摘まで幅広くコメントいただきました。最後の1ヵ月で、かなり品質が向上しました。

最後に、本書のきっかけとなった Software Design での短期連載から、本書の編集まで一貫してお付き合いいただいた、技術評論社の中田瑛人さんにも感謝申し上げます。

2024年6月　執筆者一同

著者プロフィール

渋川 よしき　　しぶかわ よしき

フューチャーアーキテクト株式会社　Technology Innovation Group

自動車会社、ソーシャルゲームの会社を経て現職。Python/C++/JavaScript/Golang あたりを仕事や趣味で扱う。Web関連は仕事よりも趣味寄り。著書に『Goならわかるシステムプログラミング』(ラムダノート)、『Real World HTTP 第3版』(オライリー・ジャパン)、共著に『実用Go言語』(オライリー・ジャパン)、『つまみぐい勉強法』(技術評論社)、訳書に『アート・オブ・コミュニティ』『ソフトウェア設計のトレードオフと誤り』(ともにオライリー・ジャパン)、共訳に『エキスパートPythonプログラミング改訂4版』(アスキードワンゴ) など。

X：shibu_jp

武田 大輝　　たけだ ひろき

フューチャーアーキテクト株式会社　Technology Innovation Group

アーキテクチャデザインからデリバリーまでを担うソフトウェアアーキテクト兼テックリード。機能・非機能のトータルバランスを意識した全体設計を行い、自らの手で多くのシステムを構築してきた。Goを用いたバックエンド開発、Vue.jsを用いたフロントエンド開発が得意。コードを書いているときが一番幸せ。

X：@rhumie_

枇榔 晃裕　　びろう あきひろ

フューチャー株式会社　サイバーセキュリティイノベーショングループ

フロントエンドエンジニア。React.jsを用いたフロントエンド開発が得意。ヒトとテクノロジのやりとりに関心を持ち、直感的に理解できるシステムを目指して開発を行っている。

X：@alfe_below

木戸 俊輔　　きど しゅんすけ

フューチャー株式会社　サイバーセキュリティイノベーショングループ

踊るエンジニア。SaaS開発・運営を中心にキャリアを積んできた。公私で開発を楽しむ傍ら、品質保証やシステムテストにも興味を持ち、執筆活動にも取り組む。

X：@kidokidofire_

藤戸 四恩　　ふじと しおん

フューチャーアーキテクト株式会社　流通製造グループ

機械学習が得意。最近はGoやReact.tsを使ってコードを書くことが好き。

X：@fujito_shion

小澤 泰河　　おざわ たいが

フューチャーアーキテクト株式会社　Technology Innovation Group

おもにB2Bの業務システムについて、Webアプリケーションの開発、顧客折衝を通したアーキテクチャの検討などを行っている。Webフロントエンド、UI/UX、ビジネス形態と開発形態の関係性に興味を持つ。

X：@taigaozawa

カバーデザイン	トップスタジオデザイン室（轟木 亜紀子）
本文設計	マップス　石田 昌治
組版	酒徳 葉子
編集	中田 瑛人

■お問い合わせについて

　本書の内容に関するご質問につきましては、下記の宛先までFAXまたは書面にてお送りいただくか、弊社ホームページの該当書籍コーナーからお願いいたします。お電話によるご質問、および本書に記載されている内容以外のご質問には、いっさいお答えできません。あらかじめご了承ください。

　また、ご質問の際には「書籍名」と「該当ページ番号」、「お客様のパソコンなどの動作環境」、「お名前とご連絡先」を明記してください。

お問い合わせ先
〒162-0846　東京都新宿区市谷左内町21-13
株式会社技術評論社　第5編集部
「「入門]Webフロントエンド E2Eテスト
　　──PlaywrightによるWebアプリの自動テストから良いテストの書き方まで」質問係
FAX：03-3513-6173

● 技術評論社Webサイト
https://gihyo.jp/book/2024/978-4-297-14220-9

　お送りいただきましたご質問には、できる限り迅速にお答えするよう努力しておりますが、ご質問の内容によってはお答えするまでに、お時間をいただくこともございます。回答の期日をご指定いただいても、ご希望にお応えできかねる場合もありますので、あらかじめご了承ください。

　なお、ご質問の際に記載いただいた個人情報は質問の返答以外の目的には使用いたしません。また、質問の返答後は速やかに破棄させていただきます。

［入門］Webフロントエンド E2Eテスト
──PlaywrightによるWebアプリの自動テストから良いテストの書き方まで

2024年7月2日　初版　第1刷発行

著　者	渋川 よしき、武田 大輝、枇榔 晃裕、木戸 俊輔、藤戸 四恩、小澤 泰河
発行者	片岡 巌
発行所	株式会社技術評論社
	東京都新宿区市谷左内町21-13
	電話　03-3513-6150　販売促進部
	03-3513-6177　第5編集部
印刷／製本	昭和情報プロセス株式会社

ISBN978-4-297-14220-9　C3055
Printed in Japan